河北省社会科学基金项目

基于海绵城市建设的老旧小区景观改造设计研究

陈　珊◎著

中国石化出版社

内 容 提 要

本书集老旧建筑小区海绵化改造理论、技术、设计于一体，主要介绍了海绵城市建设和老旧小区改造的背景，总结国内外当前主流应用的雨洪管理技术措施，并以景观途径为设计导向，结合老旧小区的水文特征和本底环境特征，对雨水系统海绵化改造的设计目标、设计原则、设计流程进行了研究，针对老旧小区的屋面、道路、绿化、广场、停车场等提出具体改造策略。

本书可供海绵城市建设背景的科研人员、设计人员、工程人员以及政府管理者参考，也可供高等学校风景园林、环境设计、城市规划、市政工程、环境工程及相关专业师生参阅。

图书在版编目(CIP)数据

基于海绵城市建设的老旧小区景观改造设计研究/陈珊著．
—北京：中国石化出版社，2022.5(2022.11 重印)
ISBN 978-7-5114-6691-4

Ⅰ.①基… Ⅱ.①陈… Ⅲ.①居住区-旧房改造-研究 Ⅳ.①TU984.12

中国版本图书馆 CIP 数据核字(2022)第 077943 号

中国石化出版社出版发行
地址:北京市东城区安定门外大街 58 号
邮编:100011 电话:(010)57512500
发行部电话:(010)57512575
http://www.sinopec-press.com
E-mail:press@sinopec.com
北京中石油彩色印刷有限责任公司印刷
全国各地新华书店经销
*
710×1000 毫米 16 开本 7.5 印张 125 千字
2022 年 5 月第 1 版 2022 年 11 月第 2 次印刷
定价:58.00 元

前言 Preface

极端天气导致的城市内涝是中国等新兴发展中国家城市化过程中面临的重要问题。主要原因是城市化进程加快，城市建成区面积的不断扩大，导致河流、湖泊、绿地等生态环境不同程度受损，破坏了城市原有的自然生态系统和水文特征，原本可以大量渗入地下的雨水在短时间内形成径流，从而造成排水系统不堪重负而发生内涝。以可持续发展和生态文明的建设理念实现城市的建设和发展，是党和国家建设美丽中国的一项重要举措。2012 年，我国提出海绵城市建设理论，该理论符合新型城镇化和生态文明建设的要求，不仅可强化城市的防洪排涝减灾能力、优化城市生态环境，还有助于城市环境资源的协调发展。

城镇老旧小区改造是党中央、国务院高度重视的重大民生工程和发展工程。《国务院办公厅关于全面推进城镇老旧小区改造工作的指导意见》印发以来，各地加快推进城镇老旧小区改造，帮助一大批老旧小区居民改善了居住条件和生活环境，如今改造逐步向绿色、系统、长效的更新方向发展。

在海绵城市建设过程中，住宅小区承担着极其重要的功能，作为源头减排实践方面和小型分散低影响措施应用方面的主要载体，海绵小区是海绵城市建设的基础。将老旧小区改造与海绵城市建设结合起来，既是海绵城市建设的需要，也是目前城市改造与更新的必要措施。

本书对海绵城市建设和老旧小区改造的背景和国内外相关研究进行了梳理和总结，对老旧小区所面临的各项问题进行了归纳和分析。在此基础上，以景观途径为设计导向，结合老旧小区特点，对雨水系统海绵化改造的设计目标、设计原则、设计流程进行了深入研究。总结了国内外当前主流应用的雨洪管理技术措施，整理出6种常用技术措施的设计要点及适用范围，并对其中应用最广泛的雨水花园从功能、效益、类型、建造步骤与方法等方面进行了介绍。以此为基础针对老旧小区的屋面、道路、绿化、广场、停车场等提出具体改造策略。最后一部分以石家庄市宝力小区为例进行了老旧小区海绵化改造的实证研究。

本书是石家庄铁道大学陈珊老师2017年承担的河北省社会科学基金项目(项目编号：HB17YS044)成果。项目选题、全书框架搭建由石家庄铁道大学刘瑞杰教授指导完成，各章节结构内容、研究思路等均由陈珊负责，项目案例调研由石家庄铁道大学陈立松老师辅助共同完成，陈珊老师所指导的环境设计专业本科学生吴胜楠(2018届)对本书宝力小区案例设计部分提供了设计和图纸绘制。另外，周超萍(2018届)、罗斯予(2018届)、阳涛(2018届)、孙岩岩(2018届)、王鑫(2018届)、付冬颖(2017届)、曾媛(2017届)、刘君(2017届)、加泽萍(2017届)等学生围绕本研究开展的毕业设计，参与了部分场地资料调研、现状分析、图纸绘制等工作，在此一并表示感谢。

本书的出版得到了河北省哲学社会科学规划办公室、石家庄铁道大学的资助，在此表示感谢。

作者力求精准地将各章内容奉献给读者，但由于学识有限，书中难免有不当之处，敬请各位专家和读者批评指正。本书的任何缺点和错误，均由著者负责。

目录 Contents

|第1章|

绪论

1.1 研究背景

1.1.1 海绵城市的提出

在全球各种自然灾害所造成的损失中，洪涝灾害所占比重高达40%。极端天气导致的城市内涝是中国等新兴发展中国家城市化过程中面临的重要问题，且发生频率及影响范围都呈现出扩大的趋势。根据我国水利部发布的《水旱灾害公报》显示，在2006—2016年间，我国平均每年约有30个省份，162座城市会受到内涝问题的影响，这对经济社会造成了严重影响。

城市内涝是指由于强降水或连续性降水超过城市排水能力致使城市内产生积水灾害的现象。造成内涝的客观原因是降雨强度大，范围集中。降雨特别急的地方可能形成积水，降雨强度比较大、时间比较长也有可能形成积水。伴随着城市化进程加快，城市建成区面积的不断扩大，导致河流、湖泊、绿地等生态环境不同程度受损，如地面不透水硬化面积增加，破坏了城市原有的自然生态系统和水文特征。城市开发建设后，原本可以大量渗入地下的雨水在短时间内形成径流，经管渠、泵站等灰色基础设施快速排放，从而造成排水系统不堪重负而发生内涝，大量雨水不能下渗和有效利用。这种雨水“快排”模式中，除蒸发和少量的下渗外，径流的排放量超过80%，造成了雨水资源的大量流失和城市内涝。而且，由于调蓄水空间遭到严重压缩，引发了河流流量量级增大、河道洪水峰现时间提前、径流规律变化等一系列问题。

我国水资源相对匮乏，人均淡水资源占有量仅约是世界平均水平的1/4，并且水资源分布不均衡，表现为地区分布不均，年内或者年间分布不均[1]。缺水和城市内涝这对矛盾同时困扰着我国城市建设与发展。

以可持续发展和生态文明的建设理念实现城市的建设和发展，是党和国家建设美丽中国的一项重要举措，旨在推动城市建设模式的转变，处理好城市建设与生态水环境的关系，从以往单纯利用开发向有序管理协调转变，在各城市普遍面临严峻水资源、洪涝灾害、生态环境挑战的背景下，对实现生态文明和美丽中国具有重大意义[2]。

对于城市洪涝灾害，应从城市规划、基础设施建设以及综合管理等多方面入手，探索更加完善的方法理论体系。在这样的情况下，海绵城市理论应运而生。海绵城市是指城市能够像海绵一样，在适应环境变化和应对自然灾害等方面具有良好的弹性，下雨时吸水、蓄水、渗水、净水，需要时将蓄存的水释放并加以利用。在城市建设中，通过源头减排、过程控制、系统治理，采取屋顶绿化、透水铺装、下凹式绿地、雨水收集利用设施等措施，使建筑与小区、道路与广场、公园和绿地、水系等具备对雨水的吸纳、蓄滞和缓释作用，有效控制雨水径流，实现“小雨不积水、大雨不内涝、水体不黑臭、热岛有缓解”。

该理论符合新型城镇化和生态文明建设的要求，不仅可强化城市的防洪排涝减灾能力、优化城市生态环境，还有助于城市环境资源的协调发展。2012 年我国首次提出“海绵城市”的概念，国家出台了一系列相关政策来推动海绵城市的建设，并强调将老旧城区改造与海绵城市结合。2013 年 12 月习近平总书记在“中央城镇化工作会议”中正式提出建设“海绵城市”后，我国许多重点城市率先开展海绵城市建设的试点或示范工程。2014 年 10 月住房和城乡建设部编制印发了《海绵城市建设技术指南》，为各地区海绵城市建设工作的开展提供指导。2015 年 10 月 11 日，国务院办公厅印发《关于推进海绵城市建设的指导意见》。通过海绵城市建设，综合采取“渗、滞、蓄、净、用、排”等措施，最大限度地减少城市开发建设对生态环境的影响，将 70% 的降雨就地消纳和利用。到 2030 年，城市建成区 80% 以上的面积达到目标要求。2015 年，住房和城乡建设部联合财政部及水利部共同设立了海绵城市试点，海绵城市建设在全国范围内迅速发展。2021 年发布的《国务院办公厅关于加强城市内涝治理的实施意见》(国办发〔2021〕11 号)要求：到 2025 年排水防涝能力显著提升，内涝治理工作取得明显成效。年径流总量控制率概念示意图如图 1－1 所示。

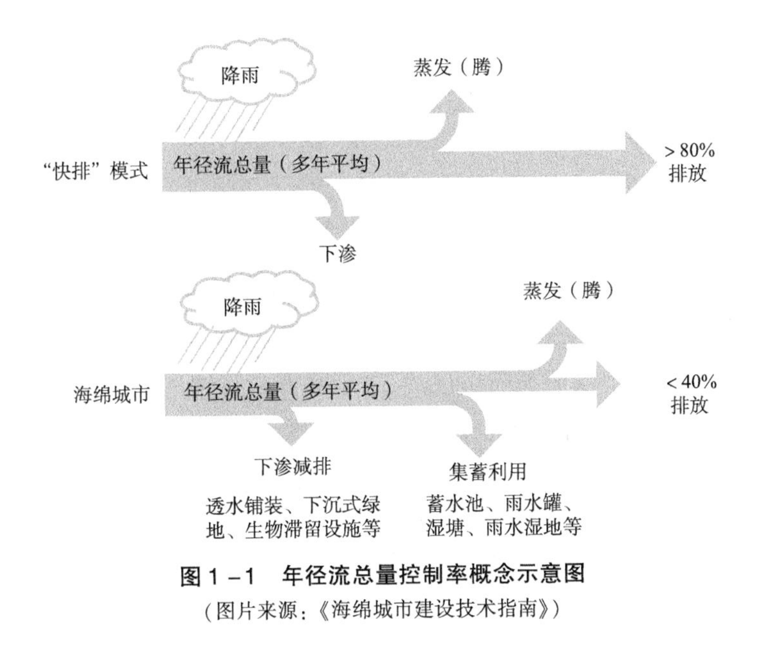

图 1-1　年径流总量控制率概念示意图

（图片来源：《海绵城市建设技术指南》）

1.1.2　老旧小区改造

老旧小区概念来源于住区，是指在功能上已经不能满足使用者实际生活需求，在结构上日益危旧，在形态上呈现历史遗痕的住宅建筑集中成片的区域[3]。近年来，我国城市发展呈现出从“增量拓展”向“存量更新”的特征，老旧小区的建筑质量、排水安全、生活环境、物业管理等问题日益凸显，对其更新改造已成为城市发展的重要议题。

目前对于老旧小区的界定，国内并未采用统一标准。2007 年建设部发布的《关于开展旧住宅区整治改造的指导意见》（建住房〔2007〕109 号）中对旧住宅区的概念进行了原则上的界定：旧住宅区是指房屋年久失修，配套设施缺损，环境脏乱差的小区[4]。北京、上海、天津、南京、杭州、苏州等各地方政府根据地区的实际情况也提出了对于“老旧小区”范围的界定[5]。

近年来，我国推进老旧小区改造的脚步从未停止。《中华人民共和国国民经济和社会发展第十三个五年规划纲要（2016—2020 年）》提出，要推进城市有机更新，组织实施好老旧城区改造。2017 年 12 月住建部召开老旧小区改造试点工作座谈会，将广州、厦门、沈阳等 15 个城市作为试点，探索、总结老旧小区改造成功经验，逐步复制、推广至全国。2019 年 4 月住建部、发改委、财政部联合印发《关于做好2019年城镇老旧小区改造工作的通知》，国务院常务会议也对推进城镇老旧小区改造进行了部署。同年12月，中央经济工作会议将“加强城市更新和存量住房改造提升，做好城镇老旧小区改造”列入2020年重点工作。2019年政府工作报告再次强调，城镇老旧小区量大面广，要大力进行改造提升。2020年7月，国务院办公厅印发《关于全面推进城镇老旧小区改造工作的指导意见》，明确了重点改造2000年底前建成的老旧小区，问题比较突出、改造意愿比较强烈的小区可以适当放宽至2005年，“十四五”期间全部改造完成。据不完全统计，全国待改造的2000年以前老旧小区约30亿平方米，约占现有城镇住房总量的20%。《住房和城乡建设部2021年政务公开工作要点》中指出要加强居住社区建设，督促指导各地做好城镇老旧小区改造相关任务完成情况的公开。

1.1.3 老旧小区海绵化改造的必要性

1.1.3.1 改善居民生活的需要

城市老旧小区见证了城市的发展，它们往往占据着城市的中心位置，存量大、占地多、密度高、人口密集，因此也集中出现了诸多与现代生活之间的矛盾或问题。为满足居民对良好生活环境品质的需求，对老旧居住区采取适宜的改造是一项必须进行的工作。以往对其改造更新多集中于建筑立面、沿街绿化和水电气热等基础设施单项工程，对生态建设以及居民的公共交往空间需求和综合需求考虑较少，缺乏社区综合整治规划的思路。如今改造逐步进入了绿色、系统、长效的更新方向发展。

1.1.3.2 海绵城市建设的需要

在海绵城市建设过程中，建筑小区承担着极其重要的功能，作为源头减排实践方面和小型分散低影响措施应用方面的主要载体，海绵小区是海绵城市建设的基础。而源头减排则是将传统雨水系统的端头由市政管道转移到源头，打造由地上设施和地下管网共同构成的立体式雨水管理系统，实现雨水系统和城市规划建设的有效协调。与传统小区相比，经过海绵改造后的小区可有效抑制净流量的增长，减缓汇流时间，同时对雨水冲刷下进入市政排水管道的污染物数量进行控制，促进地表水环境的改善。此外，海绵化改造还可以提高雨水资源的利用率，一定程度上回补地下水。

此外，城市内涝问题大多发生在老城区，而老旧小区往往是内涝积水的重灾区。究其原因是因为老旧小区建筑密度大、地表硬化率高、绿化面积有限，综合径流系数大，因此容易产生内涝，并对周边水环境污染造成较大压力。在城市生态环境问题日益凸显、社会住房问题依然存在的今天，大规模拆除重建的建设方式已被摒弃，如何将海绵城市生态理念与老旧城区有机更新相结合，为老旧住宅找到适宜的、生态的改造途径以实现再利用，对于实现生态、安全、有活力且可持续的城市发展战略很有必要。

2015 年，国务院办公厅发布《关于推进海绵城市建设的指导意见》重点提出了要统筹推进新老城区海绵城市建设，老城区要结合城镇棚户区和城乡危房改造、老旧小区有机更新等，以解决城市内涝、雨水收集利用、黑臭水体治理为突破口，推进区域整体治理，逐步实现小雨不积水、大雨不内涝、水体不黑臭、热岛有缓解。当前，国家越来越重视城镇的可持续发展问题，将推进海绵城市建设运用在老旧小区的有机更新改造中，是实现 2030 年城市建成区 80% 以上的面积达到海绵城市建设目标要求的必要保障，也是从源头上解决小区内涝以及提升区域水环境的关键举措。这是国家的长期发展需要、是人民共享发展成果的需要，是城市建设从工业文明到生态文明的重要转变。

由此可见，以增进民生福祉为根本目的，将老旧小区改造作为契机，加快解决内涝积水突出问题，是坚持以人民为中心，解决当前人民日益增长的美好生活需要和不平衡不充分的发展之间的我国社会主要矛盾的重要举措，也是全面建成高质量小康社会的关键。

1.2 相关理论及研究

1.2.1 国外雨洪管理相关研究

目前国际上具有代表性的现代雨洪管理体系有美国的最佳管理措施（BMPs）、低影响开发（LID）、绿色基础设施（GI）、雨洪管理措施（SCMs），英国的可持续城市排水系统（SUDS），以及澳大利亚的水敏感性城市设计（WSUD）等。在概念上或强调技术描述（如 SCMs），或强调基本准则（如 LID、WSUD），但都建立在两个原则之上，一是使流态尽可能地接近自然水平或符合环境目标；二是减少污染和改善水质。分析其成功经验及前沿趋势，可以为我国当前海绵城市建设及低影响开发的景观规划设计以启示与借鉴。

1.2.1.1 美国的最佳管理措施(Best Management Practices，BMPs)

20 世纪 60 年代，美国开始重视雨水径流(污染)控制和合流制排水系统污染控制的研究，以改善水质环境。20 世纪 70 年代，美国提出“最佳管理措施”即雨水管理技术体系[6]。自 1970 年以后成为欧美地区城市开发、暴雨管理、排水减灾等相关措施的主要依据原则。

美国环保局(EPA)将 BMPs 定义为“在特定条件下用于控制雨水径流量并改善雨水径流水质的技术、措施和工程设施最具成本效益的方式”[7]。20 世纪 90 年代，美国国会、美国绿色建筑协会等先后出台了系列法律法规，促进和监督 BMPs 的实施和应用。BMPs 的目标除了抑制暴雨地表径流洪峰流量外，还可以增加水资源的利用并且改善暴雨期间水质污染。减少洪水损害、最小化径流、减少土壤的侵蚀、保持地下水补给、减少面源污染、保证生物多样性和河道的完整性，减少污染径流，提高水体的服务功能，保障公共安全。它既是暴雨径流控制、沉积物控制、土壤侵蚀控制技术，也是防止和减少非典源污染的管理决策。为了实现目标，美国对城市雨水径流控制的要求提出了明确的规定和通用的计算方法。

1.2.1.2 美国的绿色基础设施(Green Infrastructure，GI)

2008 年，美国环境保护署(USEPA)在《2008 绿色基础设施行动策略》中将 GI 定义为“利用和模仿自然的进程来渗透，通过植物或蒸腾作用重新让水返回环境或者是在暴雨、地表径流等产生的地方重新利用它们”。即通过一系列结合自然系统和工程系统的产品、技术和措施，模仿自然水系统过程，从而达到改善环境质量和提供公共设施服务的目的。2011 年，美国城市绿色基础设施总体规划(NYC Green Infrastructure Plan - NYC and NYCDEP 2011)在城市雨水径流方面提出了新的绿色基础设施的概念，并提出了传统基础设施和绿色基础设施之间关系及如何有效衔接。其初衷是由于现代城市扩张迅速，大量土地由林地、农地等自然、半自然类型转变为建设开发用地，自然空间的大面积消失和破碎化，绿地空间的生态服务功能严重退化，使原本以郊野和自然区域为基质、以城市为斑块的格局出现了关系反转。而应对这一转变的途径 是将破碎的绿地斑块通过廊道连接成为可持续发展所依赖的“基础设施”。

1.2.1.3 美国的低影响开发(Low Impact Development，LID)

20 世纪 90 年代，基于 BMPs 最佳管理措施的理论和技术，美国马里兰州的乔治王子县(Prince George's County)、西北地区的西雅图(Seattle)和波特兰(Portland)共同提出了新的雨水管理、控制和利用技术综合体系，即低影响开发，一种以模拟自然排水方式为核心的雨洪管理技术。LID 作为一种场地设计策略和城市土地保护及发展战略，是一种基于微观尺度控制措施发展而来的雨水管理技术，其原理是通过分散性的、均匀分布的、小规模的基础设施对雨水径流进行源头控制，并通过渗透、过滤、存储、蒸发及径流截取等设计技术，实现对暴雨径流及污染的控制，缓解或修复开发所造成的难以避免的水文扰动，最大程度地降低土地开发对城市水文条件和生态环境的影响[8]。

1.2.1.4 德国的自然开放式排水系统(Natural Drainage System，NDS)

20 世纪 80 年代，德国逐步建立和完善了雨洪利用的行业标准与管理条例。1989 年，德国出台《雨水利用设施标准》，标志着雨水利用技术的初步成熟。自然开放式排水系统(Natural Drainage System，NDS)作为一种设计策略，其目标是针对城市水生态环境的问题，降低雨水径流的量，联通雨水设施廊道，削减初期雨水中的污染物含量。

NDS 对于雨洪径流量的控制采用的常用方法是径流的暂时性滞留，推迟洪峰径流，并使排放到雨水管网的径流流速在可控制的范围内(与开发前的径流速率相当)。并针对不同用地类型制定了与之相适应的环保政策、依据和保障及设计标准，充分考虑降雨量、水质和环境舒适度等环境因素。例如，对于商业区，德国联邦及各州法律规定受污染的降雨径流经处理达标后才允许排放，而新建成区域则需要考虑雨水的回收与利用问题，减少雨水排放量，以减免雨水排放的费用。

1.2.1.5 英国可持续城市水资源系统(Sustainable Drainage System，SUDS)

SUDS 关键性技术包括源头控制设施、渗透性铺装、雨水滞留池、雨水渗透沟渠和绿地屋顶、过滤植被带、地下储水设施等。其目标：一是保护和改善水质，城市水资源管理的重心由“利用”转为“控制”；二是协调社区的居民需求与水环境之间的关系；三是利用城市水系统为野生动植物提供栖息地；四是鼓励地下水的自然性回灌等。

SUDS 的设计目的是促进雨水渗入地下，或者在源头控制雨水进入雨水设施，以模仿自然式的排水方式。近十年已在英国及欧洲多个城市应用。

1.2.1.6 澳大利亚的水敏感性城市设计(Water Sensitive Urban Design, WSUD)

澳大利亚淡水资源匮乏，但在气候变化及城市扩张的背景下，大多数城市也面临着雨洪威胁。作为应对，20 世纪末，澳大利亚政府及管理机构提出了水敏感性城市设计的理念，这是澳大利亚对传统城市开发措施的改进，强调通过城市规划和设计的综合分析来减少城市建设对自然水循环的负面影响，并保护水生态系统的健康稳定，旨在城市开发设计过程中控制和管理开发后的水体循环，以保护水环境的自然状态及可持续发展，同时将雨洪作为一种资源加以利用，实现城市防洪、雨水污染控制、雨水资源利用、水环境生态保护、城市景观综合效益提升等。

WSUD 体系将城市水循环视为一个有机的整体，实现雨洪管理、饮用水供应和污水管理的一体化。该体系认为城市的灰色基础设施和建筑形式应当与场地的自然特征相一致，并将自然降雨和城市污水视为一种可以利用的资源。其关键性的原则包括：一是保护现有的自然特征和生态环境；二是维持集水区的自然水文条件；三是保护地表和地下水水质；四是降低供水管网系统和雨水管网的负荷；五是减少排放到自然环境中的污水；六是将雨水和污水的收集、净化、利用与风景园林相结合，以提升美学、社会、文化和生态价值。

WSUD 反映了面对城市内涝等环境危机时在城市规划、设计和建设过程中发生的根本性的策略转变，使雨水及污水资源的管理和利用由传统的单一排放模式转变为系统的循环和控制模式。

澳大利亚从国家层面制定水敏城市的相关法规和设计指导，在该框架下各个城市根据各自情况制定管理细则和设计导则并不断优化，经过 60 余年的发展形成了各具特色的水敏城市。澳大利亚作为西方发达国家，高密度开发的中心区规模不大，其实现 WSUD 较我国城市更具有利条件。同时由于其较低的居住密度，在家庭雨水回收利用方面也具有先天优势[9]。

1.2.1.7 欧盟水框架指令(Water Framework Directive，WFD)

2000 年底，欧盟开始实施水框架指令(Water Framework Directive，WFD)，是欧洲国家第一份正式的系统性的关于城市水资源平衡及可持续利用的官方文件，作为一个强有力的规章制度，欧盟水框架指令为英国、德国等欧洲多个国家水规划和管理提供了参考标准。相关水管理策略还包括《渗透标准区域水法》(Regulation for Infiltration in regional water law)和《暴雨管理方法》(Stormwater Act)等。

这些规章颁布的主要目的是保护和改善河流、湖泊、地下水及沿海的水资源在整个欧洲实施综合流域管理，以达到保护水生态环境的目标，并且提供了可以参考的理论和技术框架，使自然水资源得以可持续的开发和利用。其基本目标：一是保护和增强水生态环境系统；二是在有效的水资源保护的基础上，推进可持续的水资源利用；三是为平衡、平等、持续的水资源利用提供充足的地表水和地下水；四是为保护和改善水生态环境，减少和避免污染物的排放；五是减少旱涝和水涝灾害；六是保护陆地和海域水体；七是建立保护区域和生物栖息地。

海绵城市建设是一个系统工程，涉及法规条例、工程技术、管理体制、学科合作、观念转变和相关利益者平衡等诸多方面。对于国外相关雨洪管理措施与技术不能机械地应用，即使在其本土也需要因地制宜。从建设目标来讲，应该兼顾水安全、水环境、水资源和水生态四大目标的实现。在制定技术方案时强调预防优先、源头控制以及工程和非工程管理实践的结合，并通过法规、行政、经济措施保障实施。在我国海绵城市建设理论和方法的探索及实践过程中，须鉴别发达国家城市雨洪管理中的可取之处，加强多学科的交叉和融合研究，才能真正实现海绵城市建设的目标。

1.2.2 居住区改造相关理论与研究

国外对居住区室外空间环境研究和实践开始比较早。在第一次工业革命时，人们就已开始关注到工业生产所造成的城市污染和环境恶化，西方学者便展开了居住区室外空间环境设计与经济协同发展的相关研究。先是在联合国会议中首次开展了研讨世界环境的会议——斯德哥尔摩会议，之后又召开了两次联合国人类住区会议——"人居一""人居二"，人们从那时已经开始以"人与环境"的视角来探讨和评价住区的建设问题。自 20 世纪以来，随着跨学科的研究日益增多，多学科专家对既有居住区在城市化进程中的发展变化展开了大量研究。

1909 年英国政府出台了《住宅和城市规划法》，重点对住区室外空间环境进行改善，提出"舒适性"的概念；1983 年国际现代建筑协会（C. I. A. M. ）颁布《雅典宪章》，指出老旧住区已破败的建筑物拆除后应改造为绿地，同时降低既有住区的人口密度。1972 年奥斯卡·纽曼的著作《可防卫的空间》中从私密、半私密、公共、半公共领域四个维度对室外空间环境进行划分，立足于行为心理学的视角研究了住区室外空间环境。1975 年芦原义信的《外部空间设计》将住区空间划分为内部和外部空间，提出了加法、减法、积极、消极等形容空间品质的概念。1977 年国际现代建筑协会（C. I. A. M. ）颁布《马丘比丘宪章》，补充《雅典宪章》中的不足之处，强调了城市设计与建筑设计之间的有机联系。1981 年国际建筑师联合会通过的《华沙宣言》，确立了"建筑 – 人 – 环境"作为一个整体的概念，形成多学科交叉的综合性研究，推进了住区室外空间环境设计的多元化发展。1996 年扬·盖尔的《公共空间·公共生活》研究住区居民行为与室外空间环境的关联机制，提出以场所营造满足居民对环境的需求。2002 年志水英树的《建筑外部空间》从外部空间的设计要素为出发点，将外部空间分为"软空间"和"硬空间"，并分析和总结了空间设计要素。2004 年普利莫斯评价《城市更新的加速和减速》，指出住区改造应尊重住区居民意见，尽量不影响居民生活，并提倡微干预、渐进式住区改造。2006 年浅见泰司的《居住环境：评价方法与理论》提出住区空间要素类型及安全性、保健性、便利性、舒适性、可持续性五项评评价指标。2016 年罗西泰格建议以民意调查为改造导向，使住区改造符合多数人的意见，并提倡可延续和微改造。

这些相关研究对于我国老旧小区更新改造具有积极意义，但目前的研究还存在一些不足之处。主要是对既有住区更新的研究更多是关注居民的使用需求，但绿色技术的使用较少，尤其是雨洪管理技术措施的应用更少，缺乏系统性，同时跨学科研究的特征不够突出。

| 第2章 |

基于海绵城市的老旧小区改造基础研究

2.1 老旧小区现状问题分析

一般老旧小区可以分为单位型住区和小区型住区两种。单位型住区主要包括大型企业型小区和小单位集中型小区，这些住区建设年代多集中于 1994 年以前。社区居民基本上都是大型企业的职工或者家属。这类社区往往具有独立管辖界限，社区统一实行管理。目前这些小区由于建成的时间较长，已相继出现了房屋破损、基础设施落后等情况，且当前小区居民基本上都是离退休的老职工。小单位集中型小区基本上是由几家小型单位的家属院以及周边居住小区组成，这些单位的物业管理相对混乱，多数小区呈现出居住环境老旧衰败的情形。小区型社区是成建制开发和建设的封闭式小区。这些小区由专门的物业公司来进行管理，具有比较齐全的配套设施。这类小区多建于 2000 年左右，建筑质量相对良好，小区环境也较为整洁。

2.1.1 建筑现状

单位型住区的建筑布局模式相对简单、固定，大多采用行列式，楼间距近，密度高，单调呆板。小区型住区较之前灵活一些，有了一些新的布局模式，如周边式、半周边式、组合式等。大多为多层建筑，一般为 4 ~ 7 层，6 层建筑数量最多，多数为条状板楼，长度 40 ~ 60m，进深 9 ~ 12m，高度 12 ~ 20m；建筑立面较为单一，没有特色，因悬挂空调外机、悬挑封闭式阳台、管道线路铺设混乱等原因使得既有建筑立面十分杂乱，外墙墙皮脱落现象较普遍，既影响建筑美观，又不利于节能保温。建筑密度高使得住区内硬化屋面面积大，屋面径流大。

2.1.2 绿地系统

单位型小区由于建设年代更早，所以在建设之初就存在绿地空间不足、建筑密度高的问题。一些缺乏物业管理的小区还会出现私搭乱建、绿化侵占、道路破损、环境脏乱、堆放杂物等现象。

小区型绿地建设时间稍晚，绿地系统相对完善，原有绿地面积也较大。但是由于当时未考虑设置足够的停车场地，所以现在很多绿地被私自改造为停车场或私家小院，绿地侵占现象严重(见图 2－1)。绿地率下降，地面硬化程度逐渐增加，从而导致小区雨水下渗、蓄滞能力减弱，地表径流有所增加。同时，老旧小区现有的绿地均采用的是传统工艺，基本上不符合绿色基础设施的建设标准，对雨水的吸收和净化作用十分有限。此外，老旧小区的雨水景观处理较少，植被覆盖度不足，土地覆盖效果不好，裸土在暴雨冲刷情况下会造成严重的水土流失现象；建筑周边缺少绿地，雨落管末端未接入绿地进行雨水消纳，大部分雨水散排至建筑周边硬质铺装。且在植物配置方面设计粗疏，这必然会给海绵改造中基于景观调蓄水体控制径流总量的改造工作带来影响。

图 2－1　缺乏管理的老旧小区绿化

此外，老旧小区内因绿化面积不足、管理不善、维护不到位等因素还导致小区绿化景观效果较差。

2.1.3 公共空间

老旧小区的公共空间主要包括停车场、中心广场和其他硬质场地。

(1)停车场。老旧小区基本没有设地下停车场，地上停车面积也严重不足，大部分居民都是在楼前楼后或者小区道路边“择空停车”，甚至占用绿地和原来的公共活动场地。现有的少量停车场也全部为大面积的硬化路面，与周边绿化的少有结合，停车场产生的雨水径流只能流入道路，增加了道路的排涝压力。

(2)中心广场。20世纪90年代及之前所建的小区大部分未设计中心广场类的户外公共活动空间，2000年左右所建小区部分含有中心广场，但是地面硬化率高，小品设施与休闲健身设施已经非常老化，夏季无遮阴措施，利用率低下（见图2－2）。

图2－2　利用率较低的老旧小区中心广场

(3)其他硬质场地。主要为宅前的建筑底层空间，由于居民就近停车，导致大量的硬质铺装被破坏，地面凹凸不平，存在很多低洼地带，极易形成积水。

2.1.4　配套设施

老旧小区大多存在配套设施老化、年久失修的通病。管道滴漏跑冒、淤堵不通，汛期内涝积水严重影响居民出入；私接电缆、更改管线；有些设施由于早期设计标准较低，已无法满足现状负荷，更不符合当今节能环保的理念；消防设施与器材存在缺失或过期问题，消防安全令人担忧；停车、养老、健身、儿童活动等其他配套设施严重缺乏。

2.1.5　排水系统

一方面，老城区硬化程度明显高于其他地区，使得雨水冲刷效果更加明显，导致地面水环境污染问题长期存在。另一方面，老旧小区周边的开发强度很高，但其中公共绿色空间和区域调蓄空间的占比却相对较低，导致小区周边区域不具备容纳和净化雨水的海绵体，很容易出现污染物外排及排水管网淤积阻塞的情况。

另外，早年间城市开发建设时尚未出现海绵城市建设理念，公共绿地设计高程大多高于小区道路，不利于雨水就地消纳和径流控制，屋面、绿地、道路等各类下垫面产生的雨水径流均汇入小区管网，收集后排入市政系统。大雨时路边绿化带径流雨水还会携带落叶、泥土等杂物冲入道路，污染路面，堵塞雨水篦子等排水设施。当汛期遇到超长历时或超大重现期降雨时，绿地并没有充分发挥其渗透和蓄滞雨水的作用，大部分径流排入管网，造成较大压力，一旦超过管道容量就会发生积水现象(见图2-3)。

图2-3　积水严重的老旧小区

老旧小区周边道路建设年代相对较早，随着铺设管网、更新改造等工程实施，路面标高不断提高，甚至高于小区标高，导致汛期强降雨时极易出现雨水倒灌进入小区的现象。

一般情况下，地块开发时同步建设周边配套道路与市政管网，因此老旧小区外部的市政排水管网与泵站同样存在老龄化、标准低的问题；加之河道堤防受老城区景观与占地限制无条件加高和拓宽，一旦汛期受潮位顶托影响，或运行调度不当，就会造成外界系统排水不畅，导致小区内部发生积水。

2.2　改造设计目标

2.2.1　年径流总量的控制

根据最新的《关于推进海绵城市建设的指导意见》要求：城市中的海绵城市

设计，应当采用“渗、滞、蓄、净、用、排”等多种方法，约70%的降雨要就地消纳和利用。年径流总量的控制目标为开发前后的径流量接近甚至相等。老旧小区内部土地开发强度大、不透水率高、排水管网排水效率低，加之缺少雨水调蓄环节对雨水的滞留、渗透和吸收，导致暴雨季节小区内部地表径流总量增大、径流峰值时间提前。因此雨水系统海绵化改造过程中需要通过在源头、中途、末端三个环节运用渗透、径流调蓄、径流传输等技术措施，来实现延缓径流峰值时间以及有效控制雨水径流总量的设计目标。

2.2.2 雨水资源化利用

受到人口密度的影响，老旧小区对水资源的需求量较高，高需求量给城市供水系统增加了一定的供水负荷，与此同时雨水作为一种资源通过快排的方式排出不仅造成对水资源的浪费，也加大了城市排水管网的排水负荷。雨洪管理理念在强调对雨水入渗、过滤、净化和储存的同时，还看中其干旱条件下可以释放雨水的能力，从而使雨水能够在住区雨水系统中得以循环。目前，大部分老旧小区缺乏雨水收集设施，使得雨水浪费现象严重。海绵化改造需通过设置集中式雨水回收利用系统来将雨水进行净化和储存，存储的雨水可用来浇灌植物或冲洗路面。这种做法一方面可以实现对雨水资源的可持续利用，另一方面可在一定程度上减轻供水系统的供水负担。

2.2.3 水生态环境的修复与恢复

居住区的生态系统有其承受能力，超过了承受能力则会打破平衡。对老旧小区的改造，要维持小区的水生态、水环境等系统承受力的平衡。要妥善做好土壤、植被、雨水与道路、活动空间等之间的关联，尽可能降低人为原因给原有生态环境带来的破坏和干扰。此外，要保护和修复住区内的水生态环境，使水能够在小区和自然界中正常循环。通过使用雨洪管理措施以及系统组合，建立较为完善的雨水循环利用体系，可以尽可能地修复一些因为高强度开发而被破坏的水生态环境和其他的一些自然环境。

2.2.4 提升老旧小区空间环境质量

以雨洪管理为导向的住区，目标是营造高标准的住区空间环境，整合设计住区的绿地、道路、公共广场、绿廊、小游园、街角绿地等，优化布置雨洪管理设施及其系统组合，进一步融入景观绿化的设计，不断增强住区空间的生态效果和舒适度，提高住区居民的生活质量。

受到现状条件以及用地面积等因素的限制，老旧小区内部景观服务设施匮乏，景观环境质量较差。海绵化改造应在合理规划布局雨水处理设施的基础上，结合植物种植设计和景观小品设计来提升老旧小区的景观环境质量，同时营造丰富多样的公共空间，创造生态化和实用化的活动场所满足住户的活动游憩需求。

2.3　改造设计原则

老旧小区的海绵化改造，要按照海绵城市的设计理念，以科学的方式规范和合理的设计，其应遵循的设计原则如下。

2.3.1　安全性原则

老旧小区改造应以安全为第一要素。按照海绵城市建设的要求，根据现状进行分析，融合多种因素，分析水资源保护、气候特性、水资源现状、水文环境等因素，合理控制各种指标，科学地管理，有效减少各种不良问题。

绿色雨水设施多指进入市政管道前，在场地规模上应用的一些源头分散式小型设施。相关研究表明，绿色雨水设施的运用对控制高频率、中小型降雨事件具有很好的效果，而应对大流域、特大暴雨事件的能力不足，涵盖措施也不够全面。老旧小区现状条件复杂，同时受到绿化面积、地形竖向等条件的限制，仅仅依靠绿色雨水设施很难实现对雨水完全控制。因此面对错综复杂的老旧小区雨洪问题，海绵化改造必须要将绿色雨水设施与传统的排水管渠、调蓄池等灰色基础设施有机整合，通过源头控制系统和雨水灌渠系统的协同协作来实现对雨水的有效安全控制。

2.3.2　系统性原则

在对老旧小区雨水系统进行海绵城市改造时，首先应在场地调研和问题分析的基础上确定适合场地条件的各项控制目标及相关指标，结合汇水分区、管网布局以及用地性质，合理规划设计雨水系统框架。在此基础之上依据“源头削减、中途传输、末端调蓄”理念，系统化、整体化布局各项绿色雨水设施，使之成为协同一体的“海绵系统”，综合实现雨水径流总量控制、峰值控制、污染控制、雨水资源化利用等多重目标[10]。

2.3.3 生态性原则

在基于海绵城市建设的老旧小区改造中，要根据生态要求合理分析，有效地加强雨水的净化、渗透等。老旧小区建筑密度高、绿化率低，同时道路及广场不透水铺装所占比重较大，海绵城市改造的关键在于减少不透水铺装，降低不透水率。通过设计雨水种植池、雨水花园、生物滞留池等绿色雨水处理设施来增加老旧小区的绿化面积，发挥绿地以及植物对雨水的吸收、下渗和净化作用，最大限度地调节雨水资源，实现场地内部雨水的良性循环。

2.3.4 适宜性原则

充分提高景观协调性，提高美观效果。老旧小区因地域环境、建设条件的不同在本底环境方面存在巨大的差异，利用海绵城市和低影响开发技术对其雨水系统进行景观化改造时要对场地内部竖向、坡向、雨水管网排布、土壤类型等情况做深入分析，在此基础之上有针对性的科学选择和布局雨水处理设施。在植物选择上，要根据小区的实际状况、土壤环境条件等，通过合理选择，种植适宜场地生态环境的植物品种，实现海绵系统与场地环境的融合。达到提高管理效率、美化小区环境的目的。

与此同时，老旧小区因老龄人口所占比重较大，雨水系统景观化改造需要同时兼顾到老年人的使用需求，例如透水广场、休闲绿地等一系列室外活动空间的改造需要考虑加入一定数量的无障碍设施，为高龄或行动不便老人的使用带来便利。

2.3.5 经济性原则

老旧小区雨水系统在改造过程中往往存在项目资金有限、施工工期短等多重限制条件，改造设计要以创新优化雨水设施的功能及布局形式为重点，注重优选低成本、易建造的技术设施来合理控制造价与成本。

2.4 改造设计流程

基于海绵城市建设的老旧小区改造要以问题为导向，从小区现存的问题出发，按照海绵城市建设源头减排、过程控制、系统治理的指导思想，坚持安全性、系统性、生态性、适宜性、经济性的原则，综合采用“渗、滞、蓄、净、用、排”等技术手段，加强小区基础设施修补，完善小区雨水系统，提升居民居住环境，改善居民生活质量。

最终通过汇水区划分、设计径流控制量计算、雨水系统构建、海绵设施选择与布局、海绵设施规模计算与校验、节点方案设计、植物配置方案设计等流程形成一套完整的改造设计方案。

2.4.1 场地调研与分析

老旧小区雨水系统海绵化改造设计首先应从区位、气候与水文条件、用地构成、场地竖向、土壤条件、场地现状条件、居民需求等方面对场地进行调研和细致评估，明确小区所面临的各项现状问题。

2.4.2 确定设计定位与目标

在前期充分调研和分析的基础之上，因地制宜确定设计定位、海绵化改造控制目标和具体设计策略。老旧小区的改造工作最终都要落实到对小区建筑、基础设施、管网系统、屋面、道路、绿地系统、场地空间的改造上，但也根据不同的设计规范、自然地理条件、居住需求而有所差异。所以在设计之初一定要确立合理的目标措施。

2.4.3 竖向改造

对小区进行整体竖向分析，配合绿地海绵设施建设修整竖向，避免绿地雨水溢流到路面上。在小区道路透水铺装改造中，以现状道路控制点标高及建筑物入户标高为基准系统调整道路及景观绿化带微地形坡向，有效组织地面径流，减少积水问题，消除安全隐患。

竖向改造时进行下垫面改造一方面是为了解决路面破损、沉降等问题，消除积水安全隐患，另一方面通过增加透水路面和绿地比例，降低场地的综合径流系数，控制雨水径流。拆除现状破损硬质铺装，改为透水铺装。

考虑超标雨水径流排放通道，保留部分路面雨水口，在透水铺装碎石层设置穿孔盲管，将超标雨水径流及时导入市政雨水管，保障排水安全。

2.4.4 管线整治

老旧管线整治措施包括阳台污水混接改造、排水沟清淤修复、新建雨水管线、屋面雨落管断接等内容。在雨落管末端设施截流设施，将阳台混接污水就近截入污水管道，雨水通过溢流进入雨水管道。对小区的排水沟和污水管进行清淤修复，更换破损管道和排水沟盖板，随路面施工补建缺失的排水管段，整治雨污水井，更换环保雨水口。

2.4.5 海绵化改造

根据小区现状，以问题为导向实施海绵化改造，以海绵城市理念重新设计雨水排放系统。结合小区空间布局、排水走向和竖向条件，结合现状雨水管道的布置，划分雨水汇水分区。合理布设海绵设施，确保各下垫面雨水优先汇入海绵滞蓄设施，再溢流入雨水管道。雨水径流路径组织见图2－4。

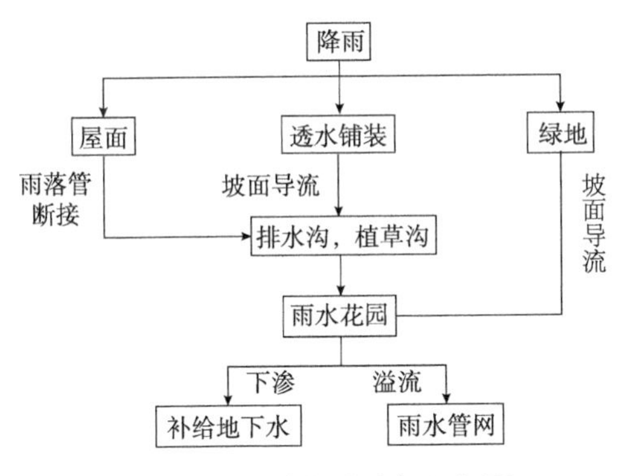

图2－4　雨水径流路径组织图

2.4.6 绿化景观提升

除了解决居住安全问题，老旧小区改造还应充分利用场地条件营造绿色人文的小区环境。利用小区房前屋后空地、开放绿地，更加合理规划平面空间，增加绿化面积，通过优化植物配置、丰富景观层次。

2.4.7 完善配套设施

为了满足居民的休闲娱乐需求，在改造过程中通过拆除违建、优化布局，为居民提供更大的健身活动、休闲交往空间。配备健身设施、休息座椅、快递存取柜、电动车充电桩等必要设施。

针对小区停车位紧张、乱停车的情况，对小区停车位进行更加合理的规划，合理增加停车空间，明确区分停车位和休闲空间。

2.4.8 加强雨水资源利用

根据实际需要和现状条件分析，有空间条件的老旧小区可以设置调蓄池，调蓄池中的雨水可就近进行回用，雨水首先进入雨水回收及中水处理系统，经净化后储存于雨水调蓄池中，用于灌溉绿地及道路浇洒。

| 第3章 |

雨洪管理技术措施在老旧小区中的应用

3.1 常用雨洪管理技术措施

现行的雨洪管理技术措施按照其原理可以分为6种：渗、滞、蓄、净、用、排。具体包括：一是雨水控制，指的是把雨水进行分流，控制雨水的流速与流量；二是雨水阻滞，利用阻滞设施用很少的时间降低雨水流量，从而减少产生的径流，延缓雨水径流形成时间，削减径流的峰值，减少流速流量；三是雨水滞留，指的是把多余的雨水通过短时间的存储，对其进行除杂质、净化后再行使用；四是雨水过滤，指的是雨水在流经植物、砂石或者类似物体时可以得到一定程度的净化过滤作用；五是雨水渗透，雨水径流顺着植物茂盛的根系下渗到土壤，透过土壤细腻颗粒继续往下渗入，最终达到丰富地下水源的功效；六是雨水处理，指的是雨水在流经植物时自然净化或者利用微生菌落的消耗等方法可以达到过滤雨水中杂质实现雨水除杂净化的目的。

2014年10月，住建部印发了《海绵城市建设技术指南》，指出雨洪管理的技术设施主要有渗透铺装、生态滞留设施、下沉式绿地、绿色屋顶、湿塘、渗井、渗透塘、雨水罐、调节塘、调节池、蓄水池、雨水湿地、渗透沟、植草沟、人工土壤渗滤、初期雨水弃流设施等。比较适合老旧小区改造中使用的主要有6种：透水铺装、绿色屋顶、下沉式绿地、生物滞留设施、雨水桶、植草沟。

3.1.1 透水铺装

透水铺装由透水性良好的大孔隙结构材料组成，排水功能、透水功能和滤水功能均优越于普通铺装，促使雨水向下层土壤渗透，在雨水下渗过程中，通过透水材料铺设，可将雨水内的沉淀物或其他污染物滤除，能初步净化雨水。在降雨渗透率方面，是普通铺装的6倍，能够大幅减少地面径流量，避免洪涝灾害产生。

按铺装面层的材料不同，透水铺装可分为透水砖铺装、透水水泥混凝土铺装、透水沥青混凝土铺装及嵌草砖、鹅卵石、碎石铺装等[11]。透水铺装在海绵改造过程中在延缓汇流时间、消减峰值流量、提高实际使用效果方面起到了很好的作用。老旧小区的硬化地面范围较大，径流系数较高，将道路、步道、广场、停车场等区域改造为透水铺装可以降低径流系数，在使用功能上能很好地解决下雨路面湿滑，雨水漫流的情况。除此之外，透水铺装由于孔隙率大还可以减小噪音及地面反光，改善城市的生态环境，降低城市热岛效应。

在老旧小区改造中，透水砖铺装和透水水泥混凝土铺装主要适用于广场、停车场、人行道以及车流量和荷载较小的道路，透水沥青混凝土路面可用于机动车道。此外，透水铺装色彩丰富，形式多样化，设计时可以与空间功能及特征相结合，增添场所的美感。

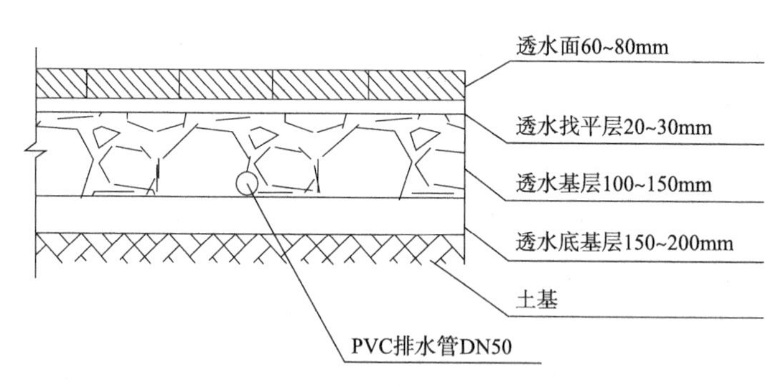

图3－1　透水铺装典型结构示意图

（图片来源：《海绵城市建设技术指南》）

3.1.2　绿色屋顶

绿色屋顶指的是建筑物屋顶主要以绿色植被为主要覆盖物，通常分为简单式和花园式。简单式绿色屋顶主要种植草本植物，一般基质深度小于等于150mm，成本低廉，几乎无需维护，生态效果较差。花园式绿色屋顶一般是种植花卉以及灌木和乔木，种植乔木时深度可超过600mm，花费较多，也要定期修整，但营造的生态环境较好。无论哪一种绿色屋顶，它们的基本构造一般都涵盖了植物层、基质层、排水层、过滤层、防水层、保护层和结构层(见图3－2)。绿色屋顶具有隔热降温、截留雨水、净化空气、保护建筑、保护生物栖息、美化景观等作用，大规模的绿色屋顶建设还能够调整城市热岛效应，调节城市小气候，削减径流，缓解城市洪涝。

图3－2　绿色屋顶构造示意图

（图片来源：https：//www. lkyscl. com/gs/2205. html）

绿色屋顶在海绵城市中起到的作用有限，因为其土壤层相对较薄，并不能大量蓄水。但是由于其在降低城市热岛效应和减缓气候变化方面的显著作用，德国大量城市都推行新建平顶建筑需有绿色屋顶的规定，比如慕尼黑在1996年开始规定，大于100m^{2}的平顶需有成片且持久的绿化。虽然绿色屋顶在单个项目中起到的蓄水和排水作用有限，但是整个城市大面积的绿色屋顶加起来的效果也是可观的。

绿色屋顶的景观类型多种多样，根据预算和结构荷载要求可以做成轻型和重型绿化，两者对建造结构的要求不一样。如今大多数地下车库的屋顶即是建筑的内院，同时也是绿色屋顶的另一种形式。在结构和荷载允许的情况下重型绿色屋顶绿化可以做到更多样化以及可以做到更大量的储水。通过在屋顶铺设另一种形式的蓄水模块(见图3－3)，可以在建筑用地紧张的情况下节约地下蓄水模块的体积。蓄水模块的设置必须与地质条件相结合，必须考虑老旧小区地基处理不良，易产生湿陷性，蓄水模块应做好密闭试验，埋设区域需严格进行土壤改良和地基处理。同时对于雨水利用途径有限的小区，设置蓄水模块应与雨水处理结合，避免蓄水造成污染，影响社区环境。

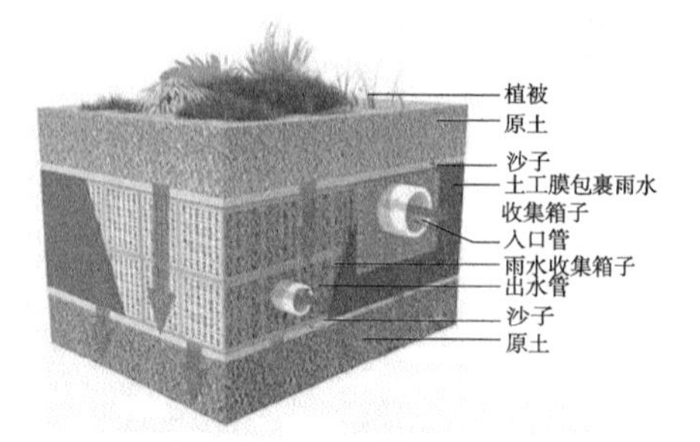

图3－3　铺在地下车库屋顶的蓄水模块

（图片来源：https：//www. zinco. de/referenz/noltemeyer－hoefe－braunschweig）

3.1.3　下沉式绿地

下沉式绿地是指比周边构筑物、地面或道路等汇水面低的绿化地，通过绿地下垫面的下凹空间的植被截留、土壤渗透等特点，实现滞蓄、下渗、净化雨水径流的功能，减少进入雨水排水管网的雨水径流量、减少洪峰流量，同时降低地表径流污染(见图3－4、图3－5)。

图3－4　下沉式绿地

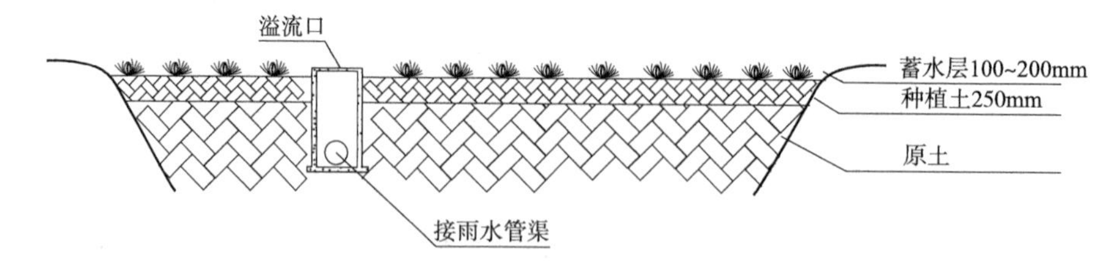

图3－5　下沉式绿地构造示意图

图片来源：《海绵城市建设技术指南》

与普通绿地相同，下沉式绿地可对区域内的雨水直接渗透。同时，下沉式绿地还可汇集周围硬化地表产生的降雨径流，利用植被、土壤、微生物的作用，截留和净化小流量雨水径流，一般都会将溢流口设在下沉式绿地内，当出现暴雨时，一部分雨水可渗入地下，另一部分多余的雨水则会经溢流口向市政雨水管网内排入。下沉式绿地不仅可以起到削减径流量、减轻城市洪涝灾害的作用，而且下渗的雨水可以为地面景观植物涵养水源，减少灌溉次数，节约水资源。同时，径流携带的氮、磷等污染物可以转变为植被所需的营养物质，促进植物的生长。

在老旧小区的改造项目中，下沉式绿地是比较容易实现的消纳雨水的主要措施之一。将原有的绿化区域进行下凹和溢流口的设置，就可以实现下沉式绿地这一低影响开发措施的应用。利用路缘石开孔等方式将周边道路的雨水引流至下沉式绿地，屋面的雨水也可就近排至下沉式绿地或者经过植草沟的传输进入下沉式绿地。下沉式绿地的下凹深度可以根据控制雨水量的需求来设计，但不宜过深，否则不利于景观的设计和植物的选择[12]。

目前，下沉式绿地的设计形式较为单调，削弱了下沉式绿地景观美化和改善生 态环境的作用。改变下沉式绿地的单一形式，可以通过采取与雕塑、水景、座椅、亭台、堆石等结合的方式，还可以与人工湿地、雨水花园、雨水塘等结合设计，增强下沉式绿地的可达性、观赏性与实用性。下沉式绿地种植植物优先选择具有一定耐涝性的乡土植物，采用乔、灌、草相结合的多种群落结构，形成季相变化丰富的绿地景观。

3.1.4 生物滞留设施

生物滞留设施指的是能过滤渗透雨水的设施，主要功能是在较低的地势环境内，通过微生菌落、植被、土壤的过滤净化等功能来渗透、净化和储蓄雨水径流。根据土壤的渗透效果和物理边界的特点，可以决定在生物滞留设施低处是否要铺建管道来收集已渗透的雨水，因此生物滞留设施能够设计成多种形式，比如完全渗透的、只过滤不渗透的、半渗透的等。

生物滞留设施由蓄水层、覆盖层、植被及种植土层、人工填料层和砾石层等 5 部分组成。根据形态及应用场所不同生物滞留设施可分为雨水花园、生物滞留带、高位花坛和生态树池等；根据原土壤渗透能力高低及具体要求不同，生物滞留池也可分为简易型生物滞留池(不换土见图3－6)和复杂型生物滞留池(换土见图3－7)；根据地下水位高低、离建筑物的距离和环境条件等，生物滞留池可分为直接入渗型、底部出流型和溢流型。

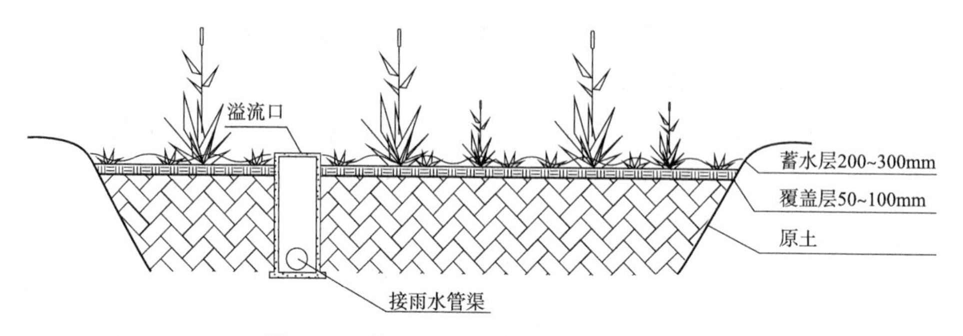

图3－6　简易型生物滞留设施构造示意图
（图片来源：《海绵城市建设技术指南》）

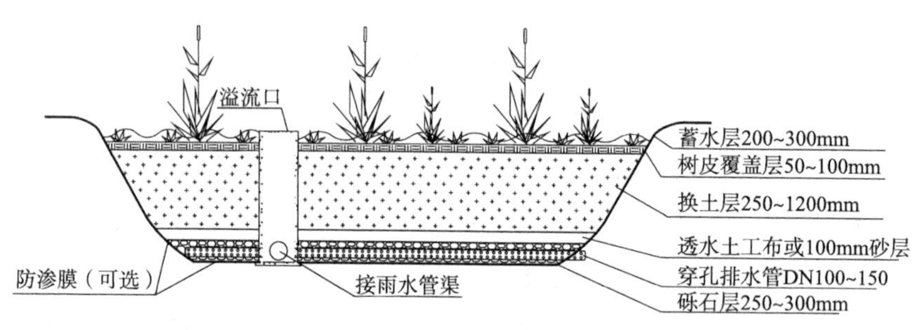

图3－7　复杂型生物滞留设施构造示意图
（图片来源：《海绵城市建设技术指南》）

生物滞留设施具有两大优点：一是兼顾实用性与观赏性，不仅具有雨洪管理功能，径流控制效果好，又因为其与绿化景观联系密切，具有良好的景观功能；二是生物滞留设施的建设与维护成本较低，形式多样，建造位置与建造规模局限较小。因此，目前此种设施在海绵城市建设中运用极广。

3.1.5　植草沟

植草沟又称植被浅沟或生物沟，指内部种有植被的地表浅沟，当雨水经过植草沟时，通过植被和土壤的渗透、过滤作用，提高径流水质，减少雨水径流。可以汇聚，传导和排放地表径流，又有一定雨水净化功能，可以作为其他雨洪管理设施的连接单元或市政雨水管网系统，是一种能够完全代替或部分代替雨水管网的生态措施。植草沟构造示意图如图3－8所示。

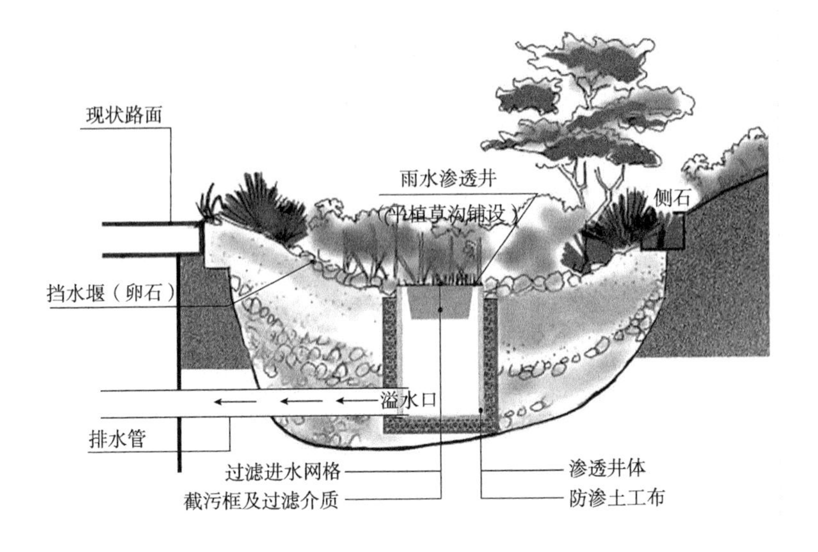

图 3－8　植草沟构造示意图

（图片来源：https：//www. sohu. com/a/154500794_ 711783）

植草沟以内部植物划分可分为传输型、干式和湿式三类。一是传输型植草沟，一般应用于高速公路的排水系统或山边侧沟排水，在径流量小及人口密度较低的居住区、工业区或商业区，可以代替路边的排水沟或雨水管道系统；二是干式植草沟，最适用于居住区，可以通过下渗减少地面径流量，通过定期割草，可有效保持植草沟干燥；三是湿式植草沟，可以控制径流污染，一般用于高速公路的排水系统，也用于过滤来自小型停车场或屋顶的雨水径流，由于其土壤层在较长时间内保持潮湿状态，可能产生异味及蚊蝇等卫生问题，因此不太适用于居住区。

植草沟具有以下作用：

（1）代替管网，收集和输送雨水。植草沟作为一种雨水传输设施，能够代替传统的雨水管道，输送雨水。

（2）有效减少悬浮固体颗粒和有机污染物，净化雨水。植草沟可以通过物理净化（如沉淀、过滤、截 留）和生物净化（如植物吸收、微生物分解）等方式有效去除悬浮固体、有机物和金属，在小降雨事件中甚至能够消纳全部的污染物质，保证了污染物的零排出。

（3）降低径流流速，削减径流峰值。主要通过小雨消纳、中雨削减、大雨传输三种作用机制控制径流。

(4)雨水下渗、间接补充地下水。雨水径流能够通过植草沟地表土壤深入渗入地下，在一些干旱地区能够补给地下水，促进城市水循环。

(5)积蓄雨水，作为景观用水。通过植草沟收集、净化后的雨水可充当景观用水。

相比其他雨洪设施，植草沟表面仅为一层草皮，且厚度较薄，造价低廉，技术要求低，便于管理，且具有良好的景观价值，一般适用于居住区绿地、广场、停车场等不透水地面周边的绿地(见图 3 – 9)。

图 3 – 9　植草沟的应用

3.1.6　雨水桶

雨水桶是一种放置在建筑底部，与建筑雨水立管末端直接相连的雨水收集设施，可有效的拦截、储存屋顶雨水径流，降低径流峰值，舒缓地表的排水压力。雨水桶的材质通常为塑料，也有一些使用金属材料。雨水桶通常体积不大，占地小、安装方便、结构简单、造型多样、成本低廉，储存的雨水可以在雨后就近浇灌周围的绿化，非常适合居住区使用。对海绵空间小，无法满足径流总量控制率的老旧小区，可以通过计算设计所需容积的雨水桶，承接楼面、屋顶的雨水。雨水桶宜分散布置在场地利用率较低的地上空间，并选择与建筑风格及周边景观相协调的雨水桶形式和色泽。对水质较差的屋面径流，雨水桶宜增加初期雨水弃流设施，收集的雨水可进行回用，也可用于场地水景补水、绿化灌溉及路面清洗等(见图 3 – 10)。

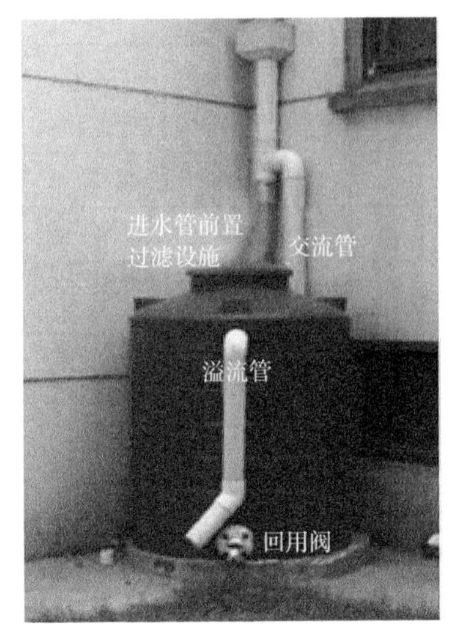

图 3－10　雨水收集桶

（图片来源：http：//www. ruzhou. gov. cn/3120. news. msgopendetail. dhtml？ news_ id＝74003，
http：//www. tjfzy. com/teamview_ 2841284. html）

3.2　各类措施对比分析

低影响开发技术措施通常具有多个功效，如集蓄利用、净化雨水、丰富地下水、降低峰值流量等，从而实现控制径流总量、径流污染、径流峰值等诸多目标，因此在选用雨洪管理技术措施和组合系统时应该要综合考虑老旧小区中现有的场地条件，同时要考虑汇水区和设施是否能有效结合，综合考虑各项设施的功能、利用方式、经济性、适用性、美观性等因素，组合使用。

各措施的性能对比如表 3－1 所示。

表 3－1　低影响开发设施比选表

单项措施		功能				径流控制		处置方式		成本		景观效果
		储存	下渗	净化	转输	总量	峰值	分散	相对集中	建设	维护	
透水铺装	透水砖	○	●	◎	○	●	◎	√	—	低	低	—
	透水水泥混凝土	○	○	◎	○	◎	◎	√	—	高	中	—
	透水沥青混凝土	○	○	◎	○	◎	◎	√	—	高	中	—

续表

单项措施		功能				径流控制		处置方式		成本		景观效果
		储存	下渗	净化	转输	总量	峰值	分散	相对集中	建设	维护	
绿色屋顶		○	○	◎	○	●	◎	√	—	高	中	好
下沉式绿地		○	●	◎	○	●	◎	√	—	低	低	一般
生物滞留设施	简易型	○	●	◎	○	●	◎	√	—	低	低	好
	复杂型	○	●	◎	○	●	◎	√	—	中	低	好
植草沟	转输型	◎	○	◎	●	◎	○	√	—	低	低	一般
	干式	○	●	◎	●	●	○	√	—	低	低	好
	湿式	○	○	●	●	○	○	√	—	中	低	好
雨水桶		●	○	◎	○	●	◎	√	—	低	低	—

注：●—强，◎—较强，○—弱。

| 第4章 |

雨水花园

雨水花园属于生物滞留设施的一种，是构建海绵城市的主力军，一个与自然地理条件相适应的雨水调蓄装置，借此实现雨水的资源化管理。同时，运用景观化处理手段，使植物与材料成为花园主角，让雨水设施重新焕发生机与活力，打造一个充满艺术气息的“雨水银行”。除了具有实实在在的雨水调蓄功能外，还具有较高的观赏价值，因此成为解决城市雨洪问题、构建海绵城市的基本单元。再加上其经济适用的特性，非常适合在老旧小区改造中使用，因此本章对其进行比较详细的介绍。

4.1 什么是雨水花园

4.1.1 雨水花园的定义

一般对雨水花园的定义是自然形成的或人工挖掘的浅凹绿地，被用于汇聚并吸收来自屋顶或地面的雨水，通过植物、沙土的综合作用使雨水得到净化，并使之逐渐渗入土壤，涵养地下水，或使之补给景观用水、厕所用水等城市用水。雨水花园是一种生态可持续的雨洪控制与雨水利用设施，具有多种价值、多种功能，是技术与艺术的协调统一。

雨水花园形成于20世纪90年代的美国马里兰州，乔治王子郡(Prince George's County)一名地产开发商在建住宅区的时候，希望用一个生态滞留与吸收雨水的场地来代替传统的雨洪最优管理系统(BMPs)。在该郡政府的协助下，该区每栋住宅都配建了30～40m^2的雨水花园。建成后进行了数年的追踪监测，结果显示雨水花园平均减少了75%～80%地面雨水径流量，此后，世界各地开始建造各种形式的雨水花园。

4.1.2　普通花园与雨水花园的区别

普通花园土层结构与雨水花园土层结构如图4－1、图4－2所示，两者区别如下。

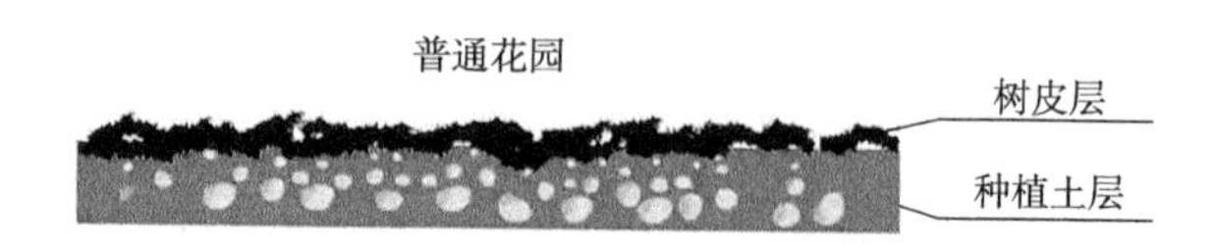

图4－1　普通花园土层结构

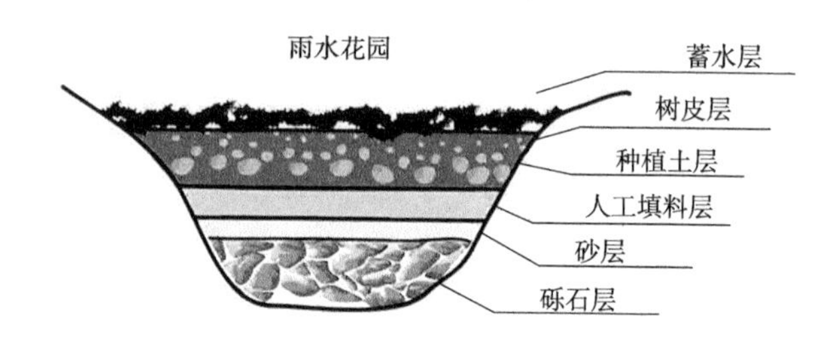

图4－2　雨水花园土层结构

(1)土层结构差异。

普通花园土壤一般直接采用原土，若考虑到肥力问题，可能只进行更换表层土，施加肥料等措施，土层处理简单。

雨水花园的土壤结构较普通花园渗水性强，要求有更复杂的土层结构。一般包括蓄水层、覆盖层、种植土层、人工填料层、砂层、砾石层。

①覆盖层：一般是树皮材料。保持土壤湿润，避免土壤板结，有利于雨水下渗和微生物生长。

②植被及种植土层：种植土层主要有两个功能：一是植物根系吸附以及微生物生长提供营养物质；二是用来吸附、降解碳氢化合物、金属离子、营养物和其他污染物，有较好的过滤和吸附作用。种植土层厚度根据植物类型而定，当采用草本植物时一般厚度为250mm左右。

③人工填料层：人工填料层的结构主要是便于下渗，因此多选用渗透性较强的天然或人工材料。

④砾石层：砾石层是雨水花园结构的最下层，可在其中埋置直径为100mm的穿孔管，经过渗滤的雨水由穿孔管收集进入邻近的河流或其他蓄积系统。通常在填料层和砾石层之间铺一层土工布是为了防止土壤等颗粒物进入砾石层，但是这样容易引起土工布的堵塞。

(2)植物选配差异。

普通花园的植物是根据当地气候条件、业主的支付和管理能力来选择，以观赏性的草坪、植物为主。

雨水花园特殊的功能性和后期的自给自足决定了其选择的植物必须有一定的抗逆性，根系发达，生长强势，可以经受长期的干旱和短期的水涝。

4.1.3 雨水花园的功能

(1)通过滞蓄削减洪峰流量、减少雨水外排保护下游管道、构筑物和水体。

(2)利用植物截流、土壤渗滤净化雨水，减少污染。

(3)充分利用径流雨量涵养地下水，也可对处理后的雨水加以收集利用，缓解水资源的短缺。

(4)经过合理的设计以及妥善的维护能改善小区的环境，为鸟类、蝴蝶等动物提供食物和栖息地，达到良好的景观效果。

4.2 建造雨水花园的意义

4.2.1 建造雨水花园的生态效益

建造雨水花园可以最大限度地恢复被破坏的水生态系统，从而改变区域生态系统服务价值，带来显著的生态效益。主要包括以下几个方面。

(1)控制面源污染。能够有效地去除径流中的悬浮颗粒、有机污染物以及重金属离子、病原体等有害物质。对城市水污染控制和水环境保护具有重要意义。

(2)雨水花园、透水铺装、雨水湿地等的应用，可以建立绿色排水系统，保护场地原水文下垫面，有效降低城市径流系数，恢复城市水文条件。

(3)通过合理的植物配置，雨水花园能够为昆虫与鸟类提供良好的栖息环境。植物的根系为地下的细菌及藻类的生长提供了良好的条件，另外，干湿交替的环境，也能在一定程度上提高雨水花园的生物多样性。

(4)雨水花园中通过其植物的蒸腾作用可以调节环境中空气的湿度与温度，能够改善空气质量、缓解热岛效应、调节微气候。

4.2.2 建造雨水花园的社会效益

雨水花园的建设，一方面可以丰富小区中的公共开放空间，服务居民；另一方面可以提升小区的整体品质，改善人居环境，缓解水资源的供需矛盾。

小区公共绿地中建造雨水花园可以构建一个集展示、休闲、活动和防灾避难为一体的多功能公共开放空间。

在建设雨水花园的同时可以加强科普宣传，让居民了解包括雨水花园在内的各项低影响开发措施以及建设海绵城市的意义，让居民参与到海绵城市建设中，成为海绵城市的支持者和参与者。

4.2.3 建造雨水花园的经济效益

雨水花园一个很大的优势在于它没有最小或最大的尺度要求，在微观层面，它可以形成一些小的布局，宅旁绿地，屋顶阳台绿化、垂直绿化等，小型的设计吸收就地的雨水进行利用和处理；而大面积的水体、草坡和湿地等可以联系这些微小的设计，形成一个统一的整体，共同对一个区域起作用。并且雨水花园的构造成本较低，维护与管理比草坪简单，因此其实施起来经济适用。此外，雨水花园的建设为城市用水提供了新的水资源，大大节约城市用水成本，为城市创造经济效益。

4.2.4 建造雨水花园的艺术价值

雨水花园的景观形态呈现为自然野态之美。雨水花园虽然属于人造景观，但是因为其特有的生态特色，反而展现出了大自然中的野趣。建设雨水花园这种生态型的园林绿地，重要的意图在于恢复原有自然水循环，改善自然条件。设计内涵处处体现了尊重自然、保护自然、再现自然的自然发展观，自然之美便是雨水花园的内在美。在改造小区的同时可以起到美化作用，使景观层次更丰富。

4.3　雨水花园的类型

4.3.1　根据目的划分

(1)以控制雨洪为目的的雨水花园。

该类雨水花园主要起到滞留与渗透雨水的目的，结构相对简单。一般用在环境较好、雨水污染较轻的地域，如居住区等(见图4-3)。

(2)以降低径流污染为目的。

该类型雨水花园不仅是滞留与渗透雨水，同时也起到净化水质的作用。适用于环境污染相对严重的地域，如城市中心、道路边、停车场等地。由于要去除雨水中的污染物质，因此在土壤配比、植物选择以及底层结构上需要紧密的设计。应用于停车场的雨水花园如图4-4所示。

图4-3　应用于居住区的雨水花园

图4-4　应用于停车场的雨水花园

(图片来源：https：//huaban.com/boards/24657682)

4.3.2 根据场地类型划分

(1)点状雨水花园。

点状雨水花园是指依附于建筑的小尺度组团绿地。收集雨水一方面来自屋顶，另一方面来自于建筑附属绿地(见图4-5)。

图4-5 点状雨水花园

(图片来源：http：//kunshan. jiwu. com/news/4130380. html)

(2)线性雨水花园。

线性雨水花园是指呈线性空间的街道或者是公路的绿地雨水花园(见图4-6)。一方面，由于城市化带来的问题，我国不少城市在雨季来临时，频繁发生内涝，积水堆积在城市主要干道上，严重影响了城市交通秩序。另一方面，马路上每天车来人往，环境中的污染物远远高于其他绿地。线性雨水花园不仅可以提升线性空间的景观还能净化环境。

图4-6 线性雨水花园

(图片来源：https：//www. 163. com/dy/article/DS30FUEC0514C9B7. html)

(3) 面状雨水花园。

面状雨水花园可分为大面积绿地雨水花园和广场雨水花园。面状雨水花园或者居住区中的大面积绿地有着天然的雨水收集下渗系统，更利于雨水花园的构建（见图4－7）。广场雨水花园被大面积的硬质铺装所代替。将雨水花园融入到广场中不仅可以解决大面积硬质铺装带来的雨水问题，还能够通过雨水花园创建有特点的雨水景观。

图4－7　面状雨水花园

（图片来源：https：//new. qq. com/rain/a/20200514a0fyp200）

4.4　建造雨水花园的步骤方法

4.4.1　选址

为雨水花园选择具体位置是应注意以下几点：

(1) 为了避免对周边建筑的影响，雨水花园的边线距离建筑基础至少3m，距离有地下室的建筑基础至少9m，以避免雨水浸泡地基。距离人行道0.9m，距离铺设供电线和水管的区域或混凝土路面0.6m，离挡土墙3m。

(2) 雨水花园尽量设置在向阳处，满足采光。

(3) 雨水花园应设置在地势平坦区域，坡度不宜大于12%。

(4) 雨水花园应尽量设置在雨水易汇集且土壤渗透性良好的区域。

(5) 为保护树木根系，雨水花园不宜建造在树下。

(6) 雨水花园宜设置在观赏条件较好的地方，方便观赏。

下暴雨时，雨水花园的土壤渗透饱和不能再储存更多的雨水，因此需要将多余的雨水引流到安全的区域，这个区域要远离建筑、陡坡。

4.4.2 评估土壤渗透性

土壤的排水能力对确定雨水花园的位置非常重要。雨水花园要求土壤有一定的渗透率，比较适合建造雨水花园的土壤是沙土和壤土。

可以先对拟建位置的土壤进行渗透性测试：在拟建雨水花园的中央位置挖掘一个测试洞，深度等同于雨水花园的深度，将洞中灌满水，记录其完全被排干的时间。重新往洞里灌水，再次记录其被排干的时间。第三次的测试将会测量出土壤在饱和状态下的吸水速度，这是模拟雨季或下暴雨时的情况，以确保不会对周边建筑造成损坏。如果三次测试所得出的最慢渗透速率低于1.2cm/h，那就应该将雨水花园再深挖7.6～15.2cm，然后重复前面的测试步骤。重复此步骤一直挖到最深0.6m，或者让渗透速率最低达到1.2cm/h为止。简便的做法是挖一个深约15cm的坑，灌满水，如果能在24h内渗完，即可作为雨水花园的土壤。如果土壤达不到渗透要求，可以通过局部换土来实现。最理想的土壤组合是50%的沙土、20%表土和30%的复合土壤。客土移植时最好移除30～60cm厚的土壤。

4.4.3 确定雨水花园的深度和面积

雨水花园的深度一般指蓄水层的深度，主要由土壤的渗透性能及地面坡度确定。最合理的深度是10～20cm。深度不宜过深或过浅，深度过浅，雨水花园无法充分发挥渗透作用；深度过深，则会导致积水时间过长，危害植物的生长，影响景观效果。同时应该保证底部平坦，防止雨水积于一处。

雨水花园的深度也会受地面坡度的影响。坡度不应该超过12%，否则应另外选。如果坡度低于4%，深度以7.5～12.5cm为宜；坡度在5%～7%，深度以15.0～17.5cm为宜；坡度在8%～12%，深度大约以20.0cm为宜。

雨水花园的面积是根据控制100%的径流量来确定的。居住区雨水花园的大小不是固定的，任何大小合理的雨水花园都能发挥较大的作用，但考虑到经费以及功能的高效性，居住区最合理的雨水花园面积范围是9～27m^2。低于9m^2的雨水花园，植物种类较少，不能充分发挥作用；而超过27m^2的雨水花园，其底部难以保持水平。雨水花园的面积不宜过大，如果面积大于27m^2，应该划分成2

个或更多的雨水花园。面积小、分散的雨水花园比单一的一个大规模的雨水花园效果要好。

雨水花园的面积主要由雨水花园的深度、处理雨水的径流量和土壤类型决定。雨水花园的面积随着汇水面积的增加而增加。黏土渗透慢，因此建在黏土中的雨水花园的面积应该有整个排水区域的60%，沙土排水较快，雨水花园的面积应该是整个排水区域的20%，建在壤土上的雨水花园的面积应在20% ~60%。由此可见，渗透越慢，雨水花园的面积应越大。

4.4.4 确定雨水花园的外形

雨水花园的外形以曲线为宜，其造型以新月形、肾形、马蹄形、椭圆形或其他不规则的形状为佳。为了能够收集足够多的水，雨水花园长边应该垂直于坡度和排水的方向；为了提供足够的空间以栽植植物和让雨水均匀通过整个底部，雨水花园应该有足够的宽度，底部宽度最少0.6m，最大3.0m，最理想的长宽比是2：1。

4.4.5 植物配置

4.4.5.1 种植分区

根据雨水花园中种植区不同的水淹情况，可将雨水花园种植区分为蓄水区、缓冲区、边缘区。植物在这3个分区中的配植要充分考虑到不同植物的耐淹、耐旱特性。

蓄水区：植物物种耐淹能力和抗污染能力、净化能力要求最高，同时要求在非雨季的干旱条件下也要有一定的耐旱能力。

缓冲区：有一定的蓄水容积，对植物的耐淹特性有一定的要求，同时要求植物有一定的耐旱能力和抗雨水冲刷的能力。

边缘区：无蓄水能力，植物物种需要有较强的耐旱能力，对植物的耐淹能力无特别要求，可选用一般较耐旱的植物，与周边植物景观相衔接。

4.4.5.2 植物选择原则

在植物选择时，要遵循以下原则：

(1)优先选用本土植物。

本土植物对当地的气候条件、土壤条件和周边环境有很好的适应能力，具有存活率高、生长快、应用范围广、养护成本低等特点，在雨水花园中能快速成景，对于城市特征的维持以及乡土景观的营造有积极作用[13]。而且乡土植物能够确保雨水花园小生境的稳定，避免外来物种对乡土植物的侵扰，也能够应对雨水花园复杂的小环境[14]。

(2)选用根系发达、茎叶繁茂、净化能力强的植物。

植物对于雨水中污染物质的降解和去除机制主要有3个方面：一是通过光合作用，吸收利用氮、磷等物质；二是通过根系将氧气传输到基质中，在根系周边形成有氧区和缺氧区穿插存在的微处理单元，使得好氧、缺氧和厌氧微生物均各得其所；三是植物根系对污染物质，特别是重金属的拦截和吸附作用。因此根系发达、生长快速、茎叶肥大的植物能更好的发挥上述功能，是雨水花园植物选择的重要标准。其次雨水花园在降雨期间水体流动速度较快，因此要求植物拥有较深的根系。同时，具有发达根系的植物能够穿透种植土层直达填料层，起到松动土壤，增强雨水渗透速度的作用。

(3)选用既可耐涝又有一定抗旱能力的植物。

雨水花园的淹水深度与降雨量密切相关，在北方干旱少雨地区会出现季节性无水期。为了减少灌溉耗水，在该地区筛选雨水花园植物种类时，不但需要考虑植物的耐涝特性，还要求其具有一定的抗旱能力[15]。此外，作为一个需经常处理污染物的人工系统，容易滋生病虫害，所选的植物也要具有较高的抗逆性，能抗污染、抗病虫害、抗冻、抗热等。

(4)选用可相互搭配种植的植物，提高去污性。

不同植物的合理搭配可提高对水体的净化能力。可将根系泌氧性强与泌氧性弱的植物混合栽种，构成复合式植物床，创造出有氧微区和缺氧微区共同存在的环境，从而有利于总氮的降解；可将常绿草本与落叶草本混合种植，提高花园在冬季的净水能力。

(5)选用景观效果好的植物。

雨水花园中植物的造景功能需要充分考虑植物栽植的效果，综合考虑植物的高度、开花时间和颜色等因素，利用植物在不同季节的生长情况进行造景[16]。此外，选用一些芳香植物有助于吸引蜜蜂、蝴蝶等昆虫，创造更加良好的景观效果。如：美人蕉、黄菖蒲等。

4.4.5.3 植物配置方法

一个雨水花园就是一个小型生态系统，植物配置应该进行生态设计，创造近自然景观。

(1)依据生态位理论，做好植物配置。避免植物间阳光、水分和空间的竞争，应依据植物对不同污染物的处理能力和生长习性均衡搭配。形成结构合理、功能健全、种群稳定的复层群落结构。

(2)依据生态演替理论，做好仿生设计。构建稳定的生态植物群落，要根据当地植物群落的演替规律，充分考虑群落中物种的相互作用和影响，选择生态位重叠较少的物种进行群落构建，创造仿照自然界植物群落的结构形式。

(3)依据物种多样性理论，营造丰富的景观。物种的多样性是植物群落多样性的基础，能增强园林的抗干扰能力和稳定性。植物配置应尽量保持物种多样性，避免单一化。

(4)依据园林美学相关理论，进行景观设计。植物是雨水花园中最重要的景观元素，它能够使雨水花园充满生机和美感。设计师要充分利用植物本身的形态、色彩、质地等特征，进行艺术性地搭配，创造出赏心悦目的景观效果。雨水花园的植物之美，可以让人们充分领略到大自然的丰富多彩，消除对海绵工程措施的刻板印象，提高公众对雨水花园的接受程度，具有显著的环境教育功能。

4.4.5.4 雨水花园常用植物

基于雨水花园植物的筛选原则，结合常用园林植物的生长特性，列举一些适合雨水花园栽种使用的常用园林植物种类，如表4－1～表4－4所示。

表4－1 适合雨水花园的常用宿根植物

中文名	拉丁名	生态习性	观赏特性	种植区分布
玉簪	*Hosta plantaginea*	耐短期水淹、稍耐旱、耐寒、耐贫瘠，喜阴	观花植物，花为白色，部分品种可观叶，花果期8～10月	缓冲区
紫萼	*Hosta ventricosa*	耐短期水淹、稍耐旱、耐寒、耐贫瘠，喜阴，喜温暖湿润性气候、忌阳光长期直射，耐寒力强	观花植物，花为淡紫色，花期6～7月	缓冲区

续表

中文名	拉丁名	生态习性	观赏特性	种植区分布
萱草	*Hemerocallis julva*	耐湿、耐旱、耐寒、耐贫瘠、喜阳光又耐半阴	观花植物，花色为黄、橙、红等，花果期5～7月	缓冲区、蓄水区
大花萱草	*Hemerocallis x hybrida*	耐湿、耐旱、耐寒、耐贫瘠，喜光照、喜温暖湿润气候	观花植物，花色为黄、橙、红等，花期5～10月	缓冲区、蓄水区
过路黄	*Lysimachia christinae*	耐湿、耐旱、耐贫瘠，喜温暖，阴凉，湿润的环境	植物姿态匍匐	缓冲区、蓄水区
金叶过路黄	*simachia nummularia1 Aurea*	耐湿、耐旱、耐寒、耐贫瘠	观叶植物，叶片3～11月呈金黄色	缓冲区、蓄水区
连钱草	*Glechoma longituba*	耐湿、耐旱、耐寒、耐贫瘠	观花植物，花色为淡蓝、蓝紫色，花期4～5月	缓冲区、蓄水区
筋骨草	*Ajuga ciliata*	耐湿、耐旱、耐寒、耐贫瘠	观叶植物，植株带紫	缓冲区、蓄水区
薄荷	*Meruha canadensis*	耐湿、稍耐旱、耐寒、耐贫瘠	观花植物，花为淡蓝色，叶片有香味，花期7～9月	缓冲区、蓄水区
白车轴草	*Trifolium repens*	耐短期水淹、稍耐旱、耐寒、耐贫瘠，为长日照植物，不耐荫蔽	观花植物，花冠为白色、乳黄色或淡红色等，可观叶	边缘区、缓冲区
矾根	*Heuchera micrantha*	耐旱、耐寒、喜阳光，也耐半荫	观叶植物，叶色为黄、棕、紫等	边缘区、缓冲区
落新妇	*Astilbe chinensis*	耐湿、稍耐旱、耐寒、喜半阴，喜半阴	观花植物，花色为紫、白、粉，花果期6～9月	缓冲区、蓄水区
佛甲草	*Sedum lineare*	耐短期水淹、耐旱、耐寒	观叶植物	边缘区、缓冲区
反曲景天	*Sedum reflexum*	耐旱、耐寒、喜光，亦耐半阴，忌水涝	观叶植物	边缘区
八宝景天	*Sedum spectabile*	耐旱、耐寒、耐贫瘠、喜强光和干燥	观花植物，花色为粉红、玫红、白等，花期8～10月	缓冲区、蓄水区
紫莞	*Aster tataricus*	耐涝、耐寒、耐涝、怕干旱	观花植物，花为淡紫色，花期7～9月	蓄水区

续表

中文名	拉丁名	生态习性	观赏特性	种植区分布
金光菊	*Rudbeckia laciniata*	耐短期水淹、耐旱、耐寒、耐贫瘠、喜光	观花植物，花为黄色，花期7～10月	边缘区、缓冲区
蹄叶橐吾	*Ligularia fischeri*	耐湿、稍耐旱、耐寒	观花植物，花为黄色，花期7～8月	缓冲区、蓄水区
毛茛	*Ranunculus japonicus*	耐湿、耐寒	观花植物，花为黄色，花果期4～9月	缓冲区、蓄水区
唐松草	*Thaliclrum aquilegifolium*	耐短期水淹、耐旱、耐寒、喜阳又耐半阴	观花植物，花为黄色	边缘区、缓冲区
千屈菜	*Lythrum salicaria*	耐湿、耐旱、耐寒、耐贫瘠、喜强光	观花植物，花色为红、紫、粉，花期7～9月	缓冲区、蓄水区
水芹	*Oenanthe javanica*	耐湿、耐寒、喜肥	观叶型植物	蓄水区
细叶藁本	*Ligusticum tachiroei*	耐湿、耐旱、耐寒、耐贫瘠、喜光	观花植物，花为白色，花期8～9月	缓冲区、蓄水区
肥皂草	*Saponaria officinalis*	耐湿、耐旱、耐寒、喜光耐半阴	观花植物，花色为白、淡红，花期4～6月	缓冲区、蓄水区
白屈菜	*Chelidonium majus*	耐湿、耐旱、耐寒	观花植物，花为黄色，花果期4～9月	缓冲区、蓄水区
马蔺	*Iris lactea var. chinensis*	耐湿、耐旱、耐寒、耐贫瘠、喜光	观花植物，花为蓝紫色，花期5～6月	缓冲区、蓄水区
鸢尾	*Iris tectorum*	耐湿、耐旱、耐寒、喜阳	观花植物，花色为蓝、白，部分品种可观叶，花期4～5月	缓冲区、蓄水区
黄菖蒲	*Iris pseudacorus*	耐湿、耐寒、喜肥	观花植物，花为黄色，花期5～6月	缓冲区、蓄水区
巴天酸模	*Rumex patientia*	耐湿、稍耐旱、耐寒、喜光	观叶型植物	缓冲区、蓄水区

表4－2　适合雨水花园的常用乔木

中文名	拉丁名	生态习性	观赏特性	种植区分布
圆柏	*Sabina chinensis*	耐短期水淹、耐旱、耐寒	观树形、常绿	边缘区、缓冲区
侧柏	*Platycladus orientalis*	耐短期水淹、耐旱、耐寒、耐贫瘠	观树形	边缘区、缓冲区
丝棉木	*Euonymus maackii*	耐湿、耐旱、较耐寒、耐贫瘠	观花、观果，花色为白、黄绿，花期5~6月，果期9月	缓冲区，蓄水区
旱柳	*Salix matsudana*	耐湿、耐旱、耐寒、耐贫瘠	观树形，枝条优美	缓冲区，蓄水区
绦柳	*Salix matsudana var. matsudana*	耐湿、耐旱、耐寒	观树形，枝条优美	缓冲区，蓄水区
馒头柳	*Salix matsudana var. matsudana£ umbraculifera*	耐湿、耐旱、耐寒、耐贫瘠	观树形	缓冲区，蓄水区
龙爪柳	*Salix matsudana var. matsudanaf. tortuosa*	耐湿、耐旱、耐寒、喜光	观树形，枝条优美	
小叶杨	*Populus simonii*	耐湿、耐旱、耐寒、耐贫瘠	观树形	缓冲区，蓄水区
钻天杨	*Populus nigra var. italica*	耐湿、耐旱、耐寒、耐贫瘠	观树形	缓冲区，蓄水区
榔榆	*Ulmus parvifolia*	耐湿、耐旱、耐寒、耐贫瘠、喜光	观树形，树皮斑驳	缓冲区，蓄水区
桑树	*Morus alba*	耐湿、耐旱、耐寒、耐贫瘠、喜光	观果植物	缓冲区，蓄水区
柘树	*Cudrania tricuspidata*	耐湿、耐旱、耐寒、耐贫瘠、喜光	观果植物	缓冲区，蓄水区
枫杨	*Pterocarya stenoptera*	耐湿、稍耐旱、较耐寒、耐贫瘠	观树形	缓冲区，蓄水区
白蜡	*Fraxinus chinensis*	耐湿、耐旱、耐寒、喜光，稍耐荫	观树形	缓冲区，蓄水区
洋白蜡	*Fraxinus pennsylvanica var. lanceolata*	耐湿、耐旱、耐寒、喜光	观树形，秋季叶片紫红	缓冲区，蓄水区

续表

中文名	拉丁名	生态习性	观赏特性	种植区分布
水杉	*Metasequoia glyptostroboides*	耐湿、耐寒、喜光	观树形	缓冲区，蓄水区
香椿	*loona sinensis*	耐湿、耐旱、耐寒、耐贫瘠	观花植物，花为白色，花期6~8月	缓冲区，蓄水区
杜梨	*Pyrus betulifblia*	耐湿、耐旱、耐寒、耐贫瘠、喜光	观花植物，花为白色，花期4月	缓冲区，蓄水区
柽柳	*Tamarix chinensis*	耐湿、耐旱、耐寒、耐贫瘠	观花植物，花为粉红色，花期4~9月，枝条柔弱优美	缓冲区、蓄水区

表4-3　适合雨水花园的常用灌木

中文名	拉丁名	生态习性	观赏特性	种植区分布
凤尾兰	*Yucca gloriosa*	耐湿、耐旱、耐寒、耐贫瘠	花叶均可观，花为白色，花期9~10月，叶剑形、坚硬	缓冲区
小叶黄杨	*Buxus sinica var. parvifolia*	耐湿、耐旱、耐寒	观叶植物，叶黄色、叶片小、枝密、色泽鲜绿	缓冲区、蓄水区
紫穗槐	*Amorpha fruticosa*	耐湿、耐旱、耐寒、耐贫瘠	观花植物，花为紫色，花果期5~10月	缓冲区、蓄水区
大叶铁线莲	*Clematis heracleifalia*	耐湿、耐旱、耐寒、耐贫瘠、耐阴	观花植物，花为蓝紫色，花期5~6月	缓冲区、蓄水区
月季	*Rosa chinensis*	耐短期水淹、耐旱、较耐寒、耐贫瘠、喜阳	观花植物，花色为红、黄、白等，花期4~9月	边缘区、缓冲区
金叶女贞	*Ligustrum x vicaryi*	耐湿、耐旱、较耐寒、耐贫瘠	观叶植物，叶黄色	缓冲区、蓄水区
迎春	*Jasminum nudiflorum*	耐短期水淹、耐旱、耐寒、耐贫瘠、喜光，稍耐阴	观花植物、花为黄色，花期2~4月，茎绿色枝细长拱形	边缘区、缓冲区
红瑞木	*Swida alba*	耐短期水淹、耐旱、耐寒、喜光	观花观茎植物，花为白色，花期6~7月。茎红色，落叶后枝干红艳	边缘区、缓冲区
醉鱼草	*Buddleja lindleyana*	耐短期水淹、耐旱、耐寒、耐贫瘠	观花植物，花为蓝紫色，花期4~10月	边缘区、缓冲区

续表

中文名	拉丁名	生态习性	观赏特性	种植区分布
紫荆	*Cercis chinensis*	稍耐寒、耐旱	观花植物，花为紫红色或粉红色，花期3～4月	边缘区、缓冲区
木槿	*Hibiscus syriacus* Linn.	耐寒、耐旱、耐湿、耐污染	观花植物，花为纯白、淡粉红、淡紫、紫红等，花期7～10月	缓冲区、蓄水区
红叶李	*Prunus cerasifera* f. *atropurpurea*	喜湿润、耐寒	观叶观花植物，叶紫红色，花为白色，花期4月	缓冲区、蓄水区
沙地柏	*Sabina vulgaris* Antoine	耐寒、耐旱	匍匐灌木，古纳耶植物	边缘区、缓冲区

表4－4　适合雨水花园的常用草坪草

中文名	拉丁名	生态习性	种植区
高羊茅	*Festuca elata*	耐湿、耐旱、耐寒、耐贫瘠	缓冲区、蓄水区
野牛草	*Buchloe dactyloides*	耐湿、耐旱、耐寒、耐贫瘠	缓冲区、蓄水区
青绿苔草	*Carex leucochlora*	耐湿、耐旱、耐寒、耐贫瘠	缓冲区
崂峪苔草	*Carex giraldiana*	耐短期水淹、耐旱、耐寒、耐贫瘠	缓冲区
狗牙根	*Cynodon dactylon*	耐湿、耐旱、耐贫瘠	缓冲区、蓄水区
山麦冬	*Liriope spicata*	耐湿、耐旱、耐寒、耐贫瘠	缓冲区、蓄水区
草地早熟禾	*Poa pralensis*	耐短期水淹、较耐旱、耐寒、耐贫瘠	边缘区
黑麦草	*Lolium perenne L.*	须根发达、较耐旱、耐湿	缓冲区、蓄水区
结缕草	*Zoysia japonica Steud*	耐寒、耐旱	边缘区
野古草	*Arundinella anomala Steud.*	根茎粗壮、耐寒、耐旱、较耐湿	蓄水区、缓冲区、边缘区
须芒草	*Andropogon virginicus L.*	耐旱、较耐湿	蓄水区、缓冲区、边缘区
弯叶画眉草	*Eragrostis curvula* (*Schrad.*) *Nees*	根系发达、耐寒、耐旱	蓄水区、缓冲区、边缘区
细叶芒	*Miscanthus sinensis cv.*	耐寒、耐旱、耐淹	蓄水区、缓冲区、边缘区

续表

中文名	拉丁名	生态习性	种植区
斑叶芒	*Miscanthus sinensis'Zebrinus'*	耐寒、耐旱、耐淹	蓄水区、缓冲区、边缘区
狼尾草	*Pennisetum alopecuroides* (*L.*) *Spreng.*	根系发达、耐寒、耐旱、较耐盐碱	蓄水区、缓冲区、边缘区

4.4.6 雨水花园维护

(1)在暴雨过后检查雨水花园的覆盖层以及植被的受损情况，及时更换受损的覆盖层材料与植物。

(2)定期清理雨水花园表面的沉积物，以免使其渗透能力下降，降低其效果。

(3)定期清除杂草，同时对生长过快的植物进行适当修剪。

(4)根据植物生长状况及降水情况，适当对植物进行灌溉。

| 第5章 |

基于海绵城市建设的老旧小区改造设计策略

5.1 老旧小区海绵化改造雨水系统典型流程

建筑屋面和小区路面径流雨水应通过有组织的汇流与转输，经截污等预处理后引入绿地内的以雨水渗透、储存、调节等为主要功能的低影响开发设施。因空间限制等原因不能满足控制目标的建筑与小区，径流雨水还可通过城市雨水管渠系统引入城市绿地与广场内的低影响开发设施。低影响开发设施的选择应因地制宜、经济有效、方便易行，如结合小区绿地和景观水体优先设计生物滞留设施、渗井、湿塘和雨水湿地等[17]。建筑与小区低影响开发雨水系统典型流程如图5－1所示。

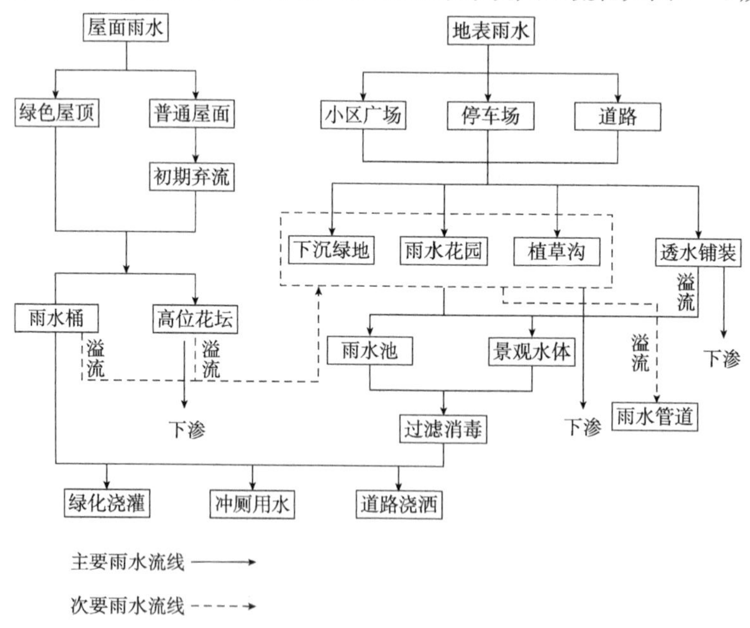

图5－1 居住小区低影响开发雨水系统典型历程

5.2 屋面改造

老旧小区由于建筑密度高，所以建筑屋面成为雨水主要的承接面之一，传统排水方式雨水通过屋面找坡汇水经过排水口汇入雨水立管，通过连接到地面的雨水立管排放到地面，然后流经地面汇入雨水井中，再流入市政管网。这种排水方式雨水排放效率高，但也造成了雨水资源的浪费，增加了城市管网的雨水径流量。

对于屋顶坡度较小的建筑可采用绿色屋顶，但是对于老旧小区而言对屋顶进行改造难度相对较大，因此大部分屋顶雨水可采取雨落管断接引入各类低影响开发设施。

5.2.1 绿色屋顶

可根据建筑现状条件采用简单式或者花园式绿色屋顶。屋顶花园植物选择时要遵循以下原则：一是以抗寒、抗旱性强的矮灌木和草本植物为主（从屋顶特殊自然环境和承重角度考虑）；二是选择喜欢阳光充足、耐土壤瘠薄的浅根性植物但是在一些遮阴效果较好的小环境处可以适当选取一些耐阴品种以丰富植物种类；三是选择抗风、不易倒伏、耐积水的植物种类；四是尽量选择乡土树种。绿色屋顶常用地被植物有八宝景天、垂盆草、马蹄金、佛甲草等，其种植槽内部构造如图 5－2 所示，绿色屋顶应用案例如图 5－3 所示。

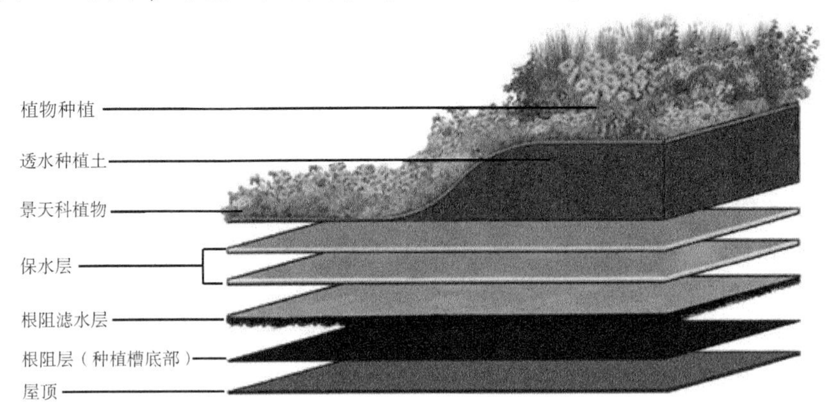

图 5－2 种植槽内部构造图示意

（图片来源：https：//www. lkyscl. com/gs/2205. html）

图 5－3　绿色屋顶应用案例

（图片来源：http：//big5. xinhuanet. com/gate/big5/www. sn. xinhuanet. com/2018－07/24/c_ 1123169151. htm）

5. 2. 2　引入雨水储存设施

可结合现场情况选用雨水罐、地上或地下蓄水池等设施（见图 5－4、图 5－5）。收集到的雨水可以直接用于冲厕所、洗车、冲洗道路、绿化洒水等。改造时，选择与建筑风格匹配的雨水管和雨水桶的形状、色彩、图案等，在满足海绵城市建设的同时美化小区环境。

图 5－4　埋在地下的雨水存贮设施

（图片来源：https：//www. sohu. com/a/152855070_ 807926？qq－pf－to＝pcqq. group）

图 5－5　地上雨水罐

（图片来源：https：//www. 163. com/dy/article/H0RK5AB80550AXYG. html）

5. 2. 3　引入生物滞留设施

（1）将屋面雨水断接直接引入周边绿地内小型、分散的低影响开发设施，可以进行景观化处理与景观水槽等相结合形成优美的雨水景观（见图 5－6）。

（2）屋面雨水经过层层跌落的生物滞留池，流入集水池或者通过植草沟、雨水管渠将雨水引入场地内的集中调蓄设施（见图 5－7）。

图5-6　屋面雨水引入低影响开发设施

图5-7　屋面雨水引入低影响开发设施

5.3　在小区道路中的应用

道路是小区的重要组成部分，与小区各功能单元的布局息息相关。目前老旧小区主要承担其交通属性，组织人流和车流，有的小区道路还被部分停车所占据。小区道路本身承接的雨水及周边建筑屋面汇集的雨水都沿着道路汇入雨水管网，这样不仅加大了小区在强降雨天气中内涝的风险，而且通过增大市政管径提高出流速度的方法还会造成雨水资源浪费。

对老旧小区的道路改造可分为路面改造和附属绿地改造两个部分。

5.3.1 路面改造

在老旧小区改造时，路面应采用透水铺装，透水铺装路面的材料选择和设计强度应满足路基路面强度和稳定性等要求。一般来说，小区主路因为要行车，要求路面强度高，因此宜选用透水沥青或透水混凝土路面；人行道路面可选用彩色透水混凝土或透水砖(见图 5－8)，如砂基透水砖、陶瓷透水砖、混凝土透水砖等。

图 5－8　人行道透水铺装

道路横断面设计应优化道路横坡坡向、路面与道路绿化带及周边绿地的竖向关系等，便于径流雨水汇入绿地内低影响开发设施。路面排水宜采用生态排水的方式，路面雨水首先汇入道路绿化带及周边绿地内的低影响开发设施，并通过设施内的溢流排放系统与其他低影响开发设施或城市雨水管渠系统、超标雨水径流排放系统相衔接。道路标高宜高出周围的绿化带和附属绿地，路缘石宜改造为开口路缘石(见图 5－9)。

图 5－9　开口路缘石

5.3.2 道路附属绿地改造

道路附属绿地是小区海绵化改造中途传输环节的重要载体，要让其充分发挥对雨水的运输、渗透、储存和调节功能，老旧小区可根据场地现状选择植草沟、生物滞留池、生态树池等不同形式的雨水处理设施。引导道路雨水径流汇入这些雨水处理设施中，从而控制道路径流量。

(1)生态树池。树池的标高一般比路面低一些，用以收集、初步过滤雨水径流。就行道树而言，一系列连贯的树池可以被设计成潜在的收水装置，最大限度地发挥收集、过滤雨水径流的作用(见图 5 –10)。建设生态树池要注意考虑树木根系和土壤渗透性的问题。若是要符合下渗的要求，土壤的沙石比例需要增加，这样含沙量大的土壤可能不利于国内大多数行道树的生长；反之，如果下渗不及时也会造成树池根部积水，影响根系，所以对土壤有一定的要求。配方土除了增加砂石率外，利用城市中废弃的园林枯枝落叶可以加工成肥料。土壤覆盖薄薄的一层后，有机物被分解渗透到土壤中，使得土壤中形成良好的生态系统，变得十分疏松，像真正的海绵一样，能够很好起到蓄水的作用，同时增加保水性，在遇到城市暴雨天气后也能够让雨水无障碍地渗透到土壤中去。

图 5 –10 生态树池结构示意图
(图片来源：https：//www. sohu. com/a/398546446_ 681276)

(2)生物滞留带。生物滞留带是一种窄的、线性的、配置丰富景观植物的下凹式景观空间，运用在道路附属绿地中对传输和分流雨水径流、净化雨水、营造景观有很好的作用。生物滞留带主要由蓄水层、树皮覆盖层、植物、种植土和填料层、砾石层、穿孔管等 6 部分组成(见图 5 –11)。居住区内部相较于城市道路径流污染较小，雨水径流可通过路缘石开口流入，由上而下依次经过各个结构层得到蓄渗和净化，超量雨水可以通过溢流口进入雨水井或者通过盲管汇入排水管网流入下一级低影响开发设施或者汇入城市排水管网(见图5－12)。

图5－11 生物滞留带结构示意图

图5－12 生物滞留带参考样式

(3)植草沟。植草沟是一种浅窄、线性延展、配置丰富景观植物的下凹式景观空间，沟底部可以为坡底或平底具有倾斜的横向边坡和缓和的纵向坡度。在路宽度有限制的情况下，没有足够的空间做生物滞留池，可以考虑使用植草沟。植草沟分为3种，其中，植草干沟相较于标准型和湿型植草沟，建造和维护都更经济，也不易产生蚊虫，因此更适合运用在老旧小区。雨水径流进入植草干沟后，顶部的植被覆盖层可减弱径流的流速、延长径流滞留和下渗的时间，地下垫层铺设的砂质土壤、过滤层和砾石层提升了植草干沟的渗透性能和去污能力，当雨水径流总量超过设计峰值时，砾石层底部布置的雨水穿孔管会对分流雨水起到很好的作用(见图5－13、图5－14)。

图5－13　人行道与植草沟的结合

图片来源：(zhihu. comhttp：//www2. zhihu. com/question/31200669)

图5－14　道路边植草沟样例

图片来源：https：//www. sohu. com/a/274306894_ 349247

5.3.3　道路改造案例——波特兰西南第12大道绿街工程(SW 12th Avenue Green Street Project)

项目毗邻波特兰市中心，场地为街道类线性空间。该改造工程就地管理街道中的雨水径流，避免了雨水径流直接从下水道流入城市河道。设计将原街道中人行道和马路道牙之间未充分利用的种植区转变为生物滞留带，通过雨水收集池收集、减缓、净化并渗透街道中的雨水径流。

设计沿街道一侧设置了4个连续的雨水收集池，每个收集池长5.4m，宽1.5m，通过预制混凝土板围合边界(见图5－15)。

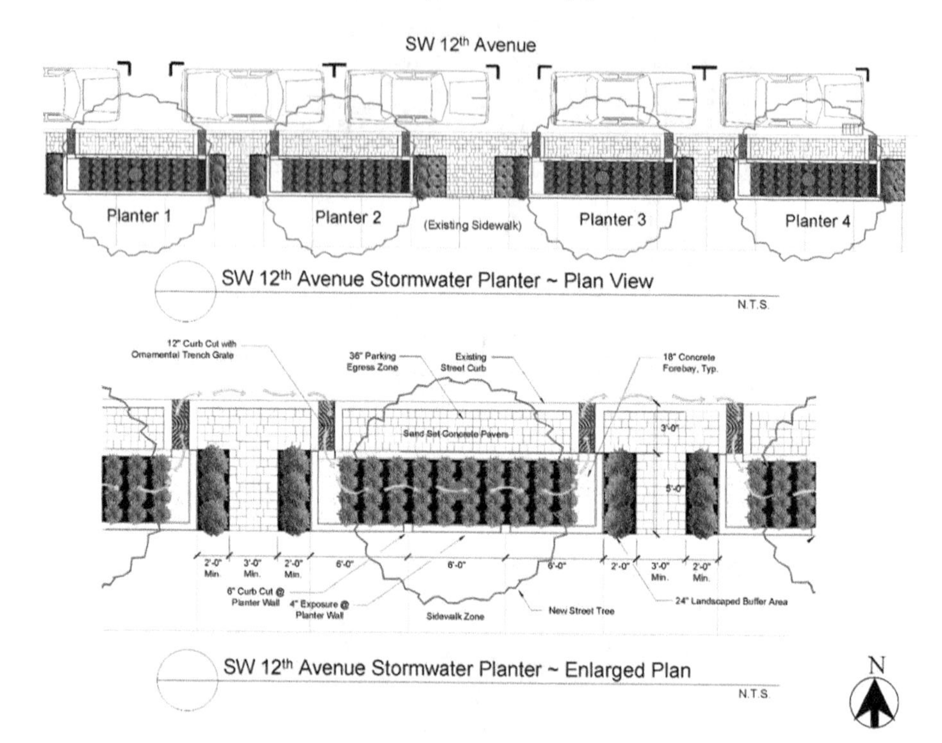

图5－15　波特兰西南第12大道雨水收集平面图

(图片来源：http：//lap. bjfu. edu. cn/content/details3_ 607. html)

雨季时，来自740m² 面积的雨水径流顺着下坡(2%的坡度)和现有路道牙流到第一个雨水收集池。30cm宽的路道牙开口引导街道径流进入雨水收集池。

收集池能够容纳的水深为6cm，水渗透到土壤中的速度是10cm/h。如果雨量过于密集，水将从雨水收集池第二个路道牙缺口溢出，回流到街道，并沿下坡进入下一个雨水收集池。当水量超过所有收集池容量时，溢出的雨水才进入市政排水系统(见图5－16)。

每个雨水收集池同时也是种植池，其中密集地种植了平展灯心草(Juncus patens)和多花蓝果树(Nyssa sylvatica)，这两种植物都有耐湿和耐旱的特点。平展灯心草能帮助减缓水流速度，其根系结构则有助于水渗入并通过土壤每个种植池的混凝土衬垫旁都种了一列平展灯心草，它们能有效地阻挡雨水径流中的杂质和沉积物。植物种植的密度大于城市雨水管理手册所要求的密度，这样做是为了减少维护费用(如除草，灌溉等)，同时迅速创造了一处具有美感和吸引力的景观(见图 5－17)。

图 5－16　波特兰西南第 12 大道雨水收集图

(图片来源：http：//lap. bjfu. edu. cn/content/details3_ 607. html)

图 5－17　波特兰西南第 12 大道生物滞留带植物配置

(图片来源：http：//lap. bjfu. edu. cn/content/details3_ 607. html)

该道路低影响开发系统管理了西南第12大道约180m^{3}的年径流量。此外，模拟水流实验表明，该雨水收集池能够将25年一遇的暴雨径流强度减轻至少70%。

对于小区道路等线性空间，生物滞留设施的布置应该沿线展开。径流的流向在不影响交通的前提下，通过道路固有的坡度、雨水收集池闸口等方式加以引导。径流过程中，雨水花园能够滞留雨水，延长径流时间，实现有效的雨水下渗。选用的植物除具备耐湿耐旱的特性外，还应具备过滤杂质、吸附有害物质的能力。种植设计应与整体环境相协调。

5.4 绿化改造

绿地是居住小区景观的重要组成部分，老旧小区建设时人们的景观意识比较薄弱，绿地相对较少，现有的绿化也是大多以花坛的形式存在，绿地一般都会高于路面，这种绿化形式不仅不能体现绿地的雨洪承载能力，还将其自身的雨水径流排入道路与硬质铺地中，加剧了小区的内涝情况。

绿地在满足改善生态环境、美化公共空间、为居民提供游憩场地等基本功能的前提下，应结合绿地规模与竖向设计，在绿地内设计可消纳屋面、路面、广场及停车场径流雨水的低影响开发设施，并通过溢流排放系统与城市雨水管渠系统和超标雨水径流排放系统有效衔接。道路径流雨水进入绿地内的低影响开发设施前，应利用沉淀池、前置塘等对进入绿地内的径流雨水进行预处理，防止径流雨水对绿地环境造成破坏。有降雪的城市还应采取措施对含融雪剂的融雪水进行弃流，弃流的融雪水宜经处理后排入市政污水管网[18]。在老旧小区绿地内选用的雨洪管理设施时要充分考虑其特点，所选设施应符合小尺寸、易使用、低成本、方便维护、非结构性的特点，此外还要顾虑到雨洪管理设施的景观效果。通常说来，雨水花园、下凹式绿地、植草沟是小区绿地空间中比较适宜植入的低影响开发技术设施，将它们与住区其他设施进行有机结合，作为雨水径流的终点，能够有效地对雨水进行净化、下渗和再利用[19]。低影响开发设施内植物宜根据水分条件、径流雨水水质等进行选择，宜选择耐盐、耐淹、耐污等能力较强的乡土植物。

5.4.1 下凹式绿地

下凹式绿地是一种高程低于周边场地的低洼绿地，主要利用下凹的绿地空间来承接、渗透和净化雨水以达到减少径流外排、降低径流污染等效果，它是介于线状景观植草沟与雨水花园之间的一种生态化雨水管理设施。下凹绿地的施工工艺简单，且对控制径流流量以及径流污染具有很好的效果，此外通过植物种植设计可为提升景观舒适度、丰富场地生物多样性创造契机，因此下凹绿地适宜在老旧小区海绵改造中得到推广和运用。

老旧小区现状绿地中很多要高出周边道路或场地，不仅无法利用和调蓄雨水，暴雨时雨水还要从绿地往外排，因此在改造时需要对绿地地形进行一定改造。改造时要注意避开一些长势较好的乔木，选择以地被为主或灌木与低矮型地被植物相结合的绿地，同时要按照实际情况确定更新为下沉式绿地的比例。另外需要在绿地中设置溢流口(如雨水口)，保证暴雨时径流的溢流排放，溢流口顶部标高一般应高于绿地 50 ~ 100mm 配置溢流井，这样雨洪就不会漫溢到周边地域。

对于绿地面积有限的场地可以采用分散式布置，采用一些小型下凹绿地点缀其中，如图 5 - 18 所示，形式多样灵活并于屋面落水管直接相连。

图 5 - 18　小型下凹绿地样例

在中心绿地或面积较大的宅间绿地也可与景观休憩设施、活动空间等相结合，如图 5 - 19 所示。

图 5 - 19　下凹绿地与景观设施相结合

5.4.2 雨水花园

在老旧小区改造中雨水花园是利用率最高的低影响开发设施，被用于汇聚和吸收来自周边场地的雨水。雨水花园可通过植物、土壤的综合作用来降低地表径流流量、净化雨水，并使之逐渐渗入土壤，涵养地下水源。除此之外，雨水花园景观效果好，可用于观赏与游憩。

根据实际需求和场地地形，改造中优先选择自然低洼的地区或经人工改造的部分场地建造(见图5－20)。雨水花园宜分散设置，利用一些边角空间，如住宅之间、端头等进行建造(见图5－21)。

图5－20　雨水花园样例

图5－21　利用边角空地建造雨水花园

5.5 硬质场地改造

老旧小区中的硬质场地主要包括停车场、中心广场、住宅周边空间。目前，老旧小区地面铺装主要为砖石、水泥等不透水的硬质材料。通过预先设计的坡度将雨水组织汇入到排水口中流进市政管道。这种方式追求雨水排放的效率，但是浪费了雨水资源，雨水冲刷硬质地面时也会将污染物转移到其他区域，在极端暴雨天气下，极易引起内涝。场地中的径流主要来自建筑与部分人行道以及其自身所承担的降雨，在老旧小区海绵化改造中，其所采用的低影响开发措施与道路类似，可以采用透水铺装、植草砖、下沉广场、蓄水池等技术措施。针对雨水能够下渗的广场区域，将传统的铺装材料更换为透水铺装；部分雨水无法直接下渗的区域，在场地中可设置蓄水设施来分担地面径流压力，同时可以蓄存雨水资源。将停车场改造为生态停车场，在其边缘地区建设小型的生态滞留池或雨水花园，这样就能把停车场转变成渗透空间，雨水径流可以经由可渗透铺装流入雨水花园中。

5.5.1 广场改造

大部分老旧小区存在活动空间不足的情况，一些有活动广场的小区也存在由于管理不当被误用或者年久失修利用率低的情况。因此在改造时应尽可能在使其硬质场地面积不变的情况下实现雨洪管理的目标，并优化其空间形式，提高利用率，满足居民的休闲活动需求，提升小区品质。

(1)硬质铺装改为透水铺装。

老旧小区广场主要以硬质铺装为主，如何有效削减地表径流是海绵化改造的关键。在不改变其功能和面积的情况下，最简单的改造方法就是将硬质铺装改成透水砖或彩色透水混凝土等，从源头上对雨水径流进行消纳和下渗。

目前，市场上彩色透水混凝土和透水砖色彩、规格、形式多样，可以很好地进行组合搭配满足设计需求，美化小区环境(见图 5 - 22、图 5 - 23)。

图 5 - 22　广场彩色透水混凝土铺装

图 5－23 广场彩色透水砖铺装

(2)形式改造为下沉式广场。

在形式上可以将现有广场改为下沉式或者利用原有下凹空间改为下沉式广场。如此既能存蓄雨水，又可以发挥原有的休闲娱乐等功能。在进行下沉改造时，深度和面积要以降雨量为依据，降雨量不同，要设置的场地标高也不同。下沉广场自身作为蓄水池，可以在暴雨天气中形成小范围的水景观，再通过管道排出，这样可以引入周围的部分雨水径流，减小周围区域排水设施的压力，从而对居住区的排水系统起到保护作用。到了天气晴朗时，地下管道可以将广场中产生的积水排到城市的雨水处理系统，进行净化后再使用，比如可以作为灌溉用水、生活冲厕用水等[20]。

例如武汉某小区在进行海绵化改造时将原来废弃的游泳池改造为一个下沉广场(见图 5－24)，日常是干爽的休闲场所，为跳广场舞的中老年人提供开阔的社交空间。降雨时，如果关闭出水阀，广场可暂时储存雨水，水深不超过 0.4m；夏天，小朋友可以踏水嬉戏，亲近自然。

图 5－24 武汉某小区广场改造

(图片来源：https：//baijiahao. baidu. com/s? id＝1720627646310709233)

又比如荷兰鹿特丹的“水广场”，由几个形状、大小和高度各不相同的水池组成，水池间有渠相连。平时，这里是市民娱乐休闲的广场；一旦暴雨来临，水往低处流，水广场就变成一个防涝系统。由于雨水流向地势更低洼的水广场，街道上就不会有积水。在水广场，雨水不仅可在不同水池循环流动，还可以被抽取储存作为淡水资源(见图5－25)。

图5－25　荷兰鹿特丹的“水广场”

(3)周边及场地内增加低影响开发设施。

对广场周边及内部现有绿地进行“下凹式”改造，通过设置小型下凹绿地、生物滞留池、生态树池等雨水处理设施来实现雨水的下渗和利用；还可以通过增加雨水树池数量、广场边缘设计植草沟等方式来有效组织雨水的下渗、蓄留和传输[21]。丹麦轨道广场中的生物滞留设施如图5－26所示。

图5－26　丹麦轨道广场中的生物滞留设施

除此之外，广场作为居民室外活动的重要场所在达到海绵化建设要求的基础上需要尽可能为住户创造出休闲游憩的活动空间，需要加入合理美观的景观设施来满足居民主要活动需求。

5.5.2 停车场改造

停车问题是目前老旧小区中普遍存在的突出问题，大部分小区缺乏大型集中的停车场地，占用绿地、广场以及道路等公共空间来停车的现象在老旧小区中非常普遍，乱停乱放现象不仅对小区整体环境造成了破坏，而且在一定程度上构成了安全隐患。改造设计时不仅要满足居民的停车需求，还需通过海绵化技术对雨水进行净化、渗透和再利用。

老旧小区用地布局较为紧凑，可利用空间面积有限，设置面积较大的集中式停车位往往不具备条件。因此可以利用宅旁、宅间绿地或道路绿地外侧布置分散式、单一坡向的停车位来满足停车和雨水管理需求。在不影响车辆通行和停车安全的前提下，合理调整道路、停车位以及绿地的竖向坡度，绿地高程应低于车位和路面高程，以便雨水能快速汇入宅旁绿地或道路绿地内的下凹式绿地、景观植草沟进行滞留、传输和净化；其次，停车位地面在满足荷载要求的基础上可铺设植草砖、透水砖或透水混凝土等透水铺装进行改造，透水铺装不仅可以减缓分散来自不透水路面上的雨水径流，还可以提高住区的绿化面积，还原雨水渗透过程，使得雨水渗入进土壤，进行集蓄。

停车场设计时可以灵活组合多种低影响开发技术，如将透水砖或透水混凝土铺装与下凹式绿地组合（见图 5－27），透水铺装与植草砖组合（见图 5－28），透水铺装与生物滞留带、雨水花园等技术措施相组合使用（见图 5－29），无论是在雨水管理还是景观美观性上都会取得不错的效果。

图 5－27　停车场透水铺装与下凹绿地的组合样例

图 5 -28　停车场透水铺装与植草砖的组合样例

图 5 -29　停车场透水铺装与生物滞留带结合样例

5.6　改造案例

5.6.1　美国西雅图 High Point 社区改造工程

High Point 社区位于美国华盛顿州西雅图市，是一个供低收入人口居住的社区，主要居民为大量来自东南亚及东非的移民。High Point 社区人口密度大，地处朗费罗流域，朗费罗溪长 6437m，流域面积为 696.06hm^2。流域是西雅图产量最高的鲑鱼产卵溪流，也是该市最后四条鲑鱼产卵流之一，规划者竭尽全力确保该社区对它的影响最小。因此，西雅图房屋委员会和西雅图市合作，将自然雨水排放系统整合到改造计划中。该系统以生态敏感的方式处理雨水径流，并提高了排到朗费罗溪的水质，系统包括生物滞留设施、本地种植、透水铺装、雨水花园和蓄水池等。

在重建之前，排水沟和大型排水管将雨水(包括溢出的石油、农药和其他污染物)从街道直接分流到小溪。现在，屋顶径流依次经过落水管、雨水桶、生物滞留池，通过景观植草沟将雨水输送到附近的一个雨水花园，以确保最大限度地合理渗透。当雨量超出自然排水系统可容量后径流会排放至靠近社区东北角的雨水滞留池中，最终进入朗费罗溪(见图5-30、图5-31)。

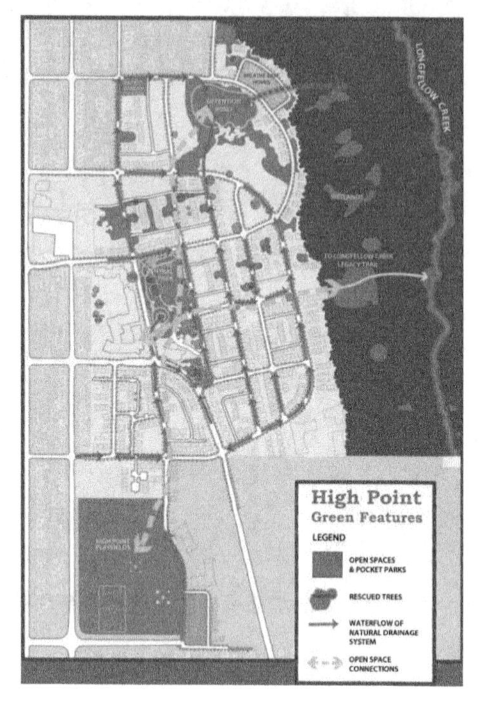

图5-30　High Point社区平面

(图片来源：https：//pedshed. net/p =270)

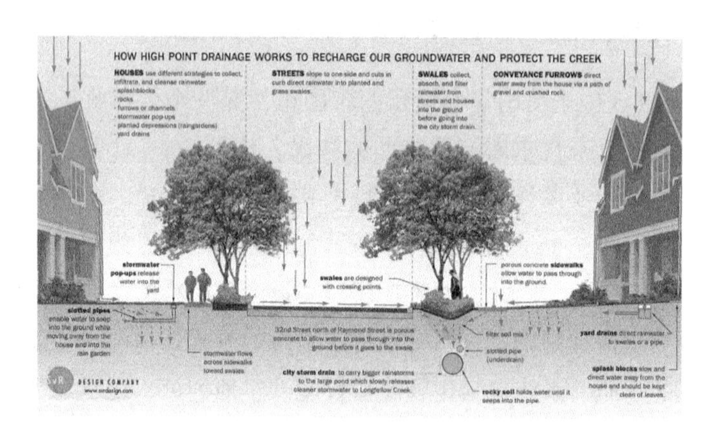

图5-31　High Point社区雨水收集过程图

(图片来源：https：//highpointseattle. com/about - high - point/natural - drainage - system)

项目突出将景观化的雨水管理设施融入社区肌理之中，在改善社区水环境的基础之上为住户创造了一个舒适、生态、优美的生活环境。其具体措施包括：

(1)减少不透水路面，推广透水铺装。

项目将社区中部分街道的宽度由9.75m缩减到7.62m，从而使不透水路面的面积减少了22%。为进一步降低雨水径流，在改造时，High Point的2个街区、50%的人行道、大量停车场和私人场地都使用了透水混凝土路面，可以使雨水快速下渗，既能避免洪水的危害，又能补充地下水资源。

High Point是该州第一个在住宅街道、人行道、停车场和篮球场中采用透水铺装的社区。

(2)改良土壤，建设生物滞留设施。

High Point的自然排水系统最重要的元素之一是4英里(1mile = 1609.344m)的植被和生物滞留设施，加上有助于处理多余降雨的改良土壤。

用生态植草沟取代了传统的街道路缘和排水沟，这些植草沟旨在收集，疏通和过滤雨水(见图5-32)。有的植草沟与生物滞留带结合，种植着本地耐旱的草，树木和灌木，并用堆肥分层，这可以自然地过滤雨水中的毒素，同时美化了社区，并提供了额外的游乐区(见图5-33)。这些线性低洼设施排列在每条街道的一侧，街道略微向洼地倾斜，有助于引导水流入。通过减少道路面积，使设置路边的生态滞留设施成为可能。更少的路面也减少了通过径流进入系统的污染毒素的数量。较窄的街道不仅可以减少径流，还有助于营造友好、亲密的社区氛围。

图5-32 High Point社区路边设置植草沟
(图片来源：http：//artfulrainwaterdesign. psu. edu/project/high-point)

图5-33 High Point社区路边设置生物滞留带
(图片来源：http：//artfulrainwaterdesign. psu. edu/project/high-point)

沿路边、宅前及公共开放空间绿地设置雨水花园等设施，美化街区的同时，达到收集雨水、减缓雨水冲刷强度的目的。在绿化时选用抗旱的乡土植物，既可以减少灌溉用水，又可以减少农药使用量(见图5－34)。

图5－34　High Point社区的雨水花园

(图片来源：https：//www. migcom. com/work/high－point－redevelopment)

对生态植草沟、下凹式绿地、雨水花园和草坪中填充的土壤进行改良，通过混入大约0.01m的森林地表物质，提升土壤性能，提高土地的渗透率和蓄水能力。High Point的景观美化也使用有机景观美化方法进行维护，因此水质得到进一步保护和改善，流入小溪的水更清洁。

在High Point的自然排水系统中，滞留池同样扮演了重要角色。滞留池起到暂时储存雨水的功能，再以一定的流量排向市政管道，既保证了雨水下泄量不超过一定数值，又起到了雨水过滤的作用。在滞留池旁延伸出一段湾区作为沉淀湾，可以延长雨水的滞留时间至48～72h，实现充分过滤，这种滞留池又称扩展型滞留池。High Point社区修建的就是这种扩展型的滞留池，使得储存的雨水被过滤净化，且流入朗费罗溪的时间得以延迟[22]。

这个滞留池除了在吸收和过滤雨水方面起着至关重要的作用，还为社区提供风景优美的景色和居民的聚集地，成为High Point社区中的一个雨水公园。该公园位于High Point的北端，在滞留池周围建造了一条四分之一英里的步行道和聚集空间，沿着步行道设有长椅、天然草地，以及利用滞留池循环水建造的瀑布溪流(见图5－35)。

图 5－35　High Point 社区中由雨水滞留池形成的雨水公园

（图片来源：https：//www. migcom. com/work/high－point－redevelopment）

High Point 的自然排水系统渗透了 75%～80% 的雨水径流。流入朗费罗溪的雨水减少了约 65%。High Point 证明，街道网格可以管理雨水径流，同时创造更安全的行人环境。

（3）修建多功能生态公园。

High Point 社区打造了大量的多功能开放空间，包括一个新建的水池公园，多个小型公园、供儿童玩耍的场地（见图 5－36）。这些开放式空间不仅是文娱设施和休憩用地，还可充当地下水库。开发商 Mithun 通过 PPP 模式与西雅图住房管理局合作，在 High Point 社区建造了 3 座公园：巴丹公园、雨水公园和北公园。巴丹公园地面采用透水铺砖，绿地下沉，活动中心地面铺有木屑，外围种有大量植被，力求将人类活动对自然生态的影响降到最低。雨水公园有下沉洼地和景观池塘，雨天有助于削减径流流量并蓄水[23]。

图 5－36　High Point 社区中儿童活动场地与生态设施相结合

（图片来源：https：//www. migcom. com/work/high－point－redevelopment）

5.6.2 丹麦 Kokkedal 气候适应计划

Kokkedal 气候适应计划是丹麦最大的气候适应计划之一，以哥本哈根北部的 Kokkedal 镇为中心，大约占地 60 公顷。自 2000 年以来，该地区一直在遭受洪水的袭击，导致社会分裂，并由此带来整个区域的不安全，低发展。洪水问题已然成为当地政府急需要解决的一大难题。

因此，丹麦政府就洪水侵害问题采取一系列措施，其中就包括针对城市环境改造方面举办的一个名为“蓝绿花园”的全国最大的气候适应项目竞赛，旨在为 Kokkedal 的生态及场所设计提供一条新途径，恢复原始的水循环，以将流水带回城市，改善生态系统，提高宜居性，增强社会凝聚力，并实现更大的商业增长。

该项目连接了零散的城市地区，创造了新的、有吸引力的交往空间，并拉近自然与居民之间的距离。这个项目最大的亮点是其将雨水的生态处理措施与社区活动进行了巧妙地融合，带给人的不仅仅是生态，极端灾害的场地设计处理手法，更满足了生活需求，创造了娱乐价值(见图 5 - 37)。

图 5 - 37 Kokkedal 社区鸟瞰图

(图片来源：https：//mooool. com/en/kokkedal - climate - adaptation - by - schonherr. html)

在场地改造之前，雨水排放和蓄积都隐藏在地下管道，而现在的雨水管理在一定程度上是可见的，这为打造新的休闲空间提供了可能。场地安全感得以提升，新的娱乐活动区很受人们欢迎，那些曾经在该区占主导地位的不良活动被取代。

雨水管理在地表的处理系统中进行，这个系统可以引导雨水从较小的洼地流向渗水坑和沟渠，最后流入较大的洼地和乌瑟勒河(见图 5 - 38)。在这个过程中，所有的水都通过雨水花园、下凹绿地等被净化。雨水被储存在洼地和池子中，这些蓄水池可以储蓄5年的雨水量。当然，如果有比这更大的降雨量也仍然可以得到控制，不会发生任何严重的破坏。

改造后，水成为一股积极的联系力量。雨水积极地将居民聚集在一起，从而在城市环境中以Kokkedal社区中心的河谷为纽带，创建了一个更加生动的社区(见图5-39)。

图5-38 Kokkedal社区雨水系统

(图片来源：https：//mooool. com/en/kokkedal-climate-adaptation-by-schonherr. html)

图5-39 Kokkedal社区中心的河谷

(图片来源：https：//mp. weixin. qq. com/s/t4d4aBt1czlxGIu2Rn9w0Q)

Kokkedal项目包括35个独立的小项目，每个项目都为当地居民提供了娱乐活动，这种双重功能正是该方案的核心。例如，花园空间被赋予绿色蓄水池的功能(见图5-40)，场地上的运动场被覆草土丘包围，这样可以阻挡住大量的雨水(见图5-41)；

图5-40 Kokkedal社区花园空间

(图片来源：https：//mooool. com/en/kokkedal-climate-adaptation-by-schonherr. html)

整个项目包含花园、活动区、健身步道、自然运动场和教育性区域。艺术家Eva Koch还创造了一个形状像大碗一样的下凹空间(见图5-42)。

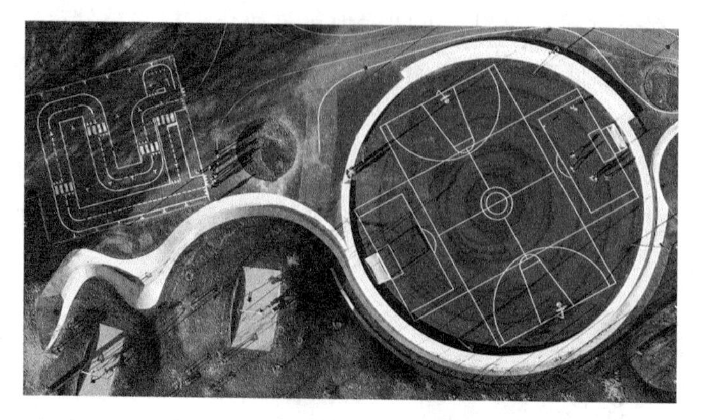

图 5－41 Kokkedal 社区运动场地

（图片来源：https：//mooool. com/en/kokkedal－climate－adaptation－by－schonherr. html）

图 5－42 Kokkedal 社区的下凹空间

（图片来源：https：//mooool. com/en/kokkedal－climate－adaptation－by－schonherr. html）

此外，项目还为孩子们提供了很多有趣的活动空间。雨水以小排水渠和水池的形式存在，让当地的孩子在最爱的雨后天晴日子得以在水渠中尽情玩耍（见图 5－43）。雨水花园等生态设施也都充分考虑居民生活和儿童、青少年活动的需求（见图 5－44、图 5－45）。

这个项目中，无论是前期设计还是后期实施都极充分地考虑了公众参与。在建成后，当地居民也密切参与公共区域以及新私人花园的规划和维护中。社区里见到的植物大多都是由居民自行种植和管理。

图 5－43　Kokkedal 社区的儿童游戏空间

（图片来源：https：//mp. weixin. qq. com/s/t4d4aBt1czlxGIu2Rn9w0Q）

图 5－44　Kokkedal 社区的雨水花园

（图片来源：https：//mp. weixin. qq. com/s/t4d4aBt1czlxGIu2Rn9w0Q）

图 5－45　Kokkedal 社区的雨水花园

（图片来源：https：//mp. weixin. qq. com/s/t4d4aBt1czlxGIu2Rn9w0Q）

Kokkedal 项目的独特之处在于它利用生态措施来推动城市更新和促进社会生活，同时保护该地区免受极端洪水事件的影响。Kokkedal 长期以来一直遭受社会分裂、不安全、低投资和大洪水的困扰。面对这些挑战，该项目通过创造户外区域，为社区生活提供良好的环境，并为城市发展提供推动力。

5.6.3 清华大学胜因院景观改造

清华大学胜因院景观环境改造项目是在一处具有历史文化价值的内涝场地上进行的，通过一系列雨水花园的建设和相关雨洪管理措施的应用，使最低洼片区能够解决 2 年一遇以下的暴雨内涝问题，并使雨洪管理措施与历史景观环境融为一体，达到空间序列重构、功能转换、文化符号等设计目标，将历史保护、景观营造与解决雨洪内涝问题结合在一起。

胜因院位于清华大学大礼堂传统中轴线南段西侧，始建于 1946 年，是清华大学近代教师住宅群之一，因抗战时期西南联大曾租用昆明“胜因寺”房屋为校舍，又因建于抗战胜利之后，因此取此名具双重纪念意义。胜因院由中国近代著名建筑事务所基泰工程公司设计，清华大学建筑系教授林徽因也曾亲笔指导住宅设计。多年过去，校园变迁使得胜因院局部低洼，加之缺乏市政排水设施，下雨就成了这里最大的“敌人”。为了防止外面的积水倒灌入室，居民在一层大门的门槛外用水泥砌筑高达 40cm 的拦水坝；若赶上连续几天下雨，出入都成困难。除了内涝，建筑损坏、私搭乱建、院落空间消失、植物良莠不齐等顽症同样蚕食着胜因院的躯体（见图 5－46）[24]。

图 5－46 胜因院改造前

（图片来源：《景观水文与历史场所的融合——清华大学胜因院景观环境改造设计》）

为妥善解决雨洪内涝问题，同时挖掘场地气质，延续原有人性化生活空间尺度，体现胜因院及清华校园历史氛围，满足新使用功能的需求，清华大学建筑学院景观学系的刘海龙教授团队对胜因院进行了景观改造设计。

胜因院景观环境改造的总体定位为：一是清华校园历史教育场所和纪念空间，强调胜因院作为清华园近现代建筑遗产及整体历史风貌的重要组成部分，具有纪念校史、缅怀先贤之价值；二是具有清华特色的科研办公区，经过对历史建筑的保护性修复和景观环境改造，使这一片历史名人故居群转变为具有清华特色的人文社科科研办公区；三是"绿色大学"示范场所，将"雨洪管理"融入胜因院景观营造，发挥雨洪调蓄、缓解内涝等作用，成为清华建设"绿色大学"的示范与环境教育场地[25]。胜因院总平面图如图 5－47 所示。

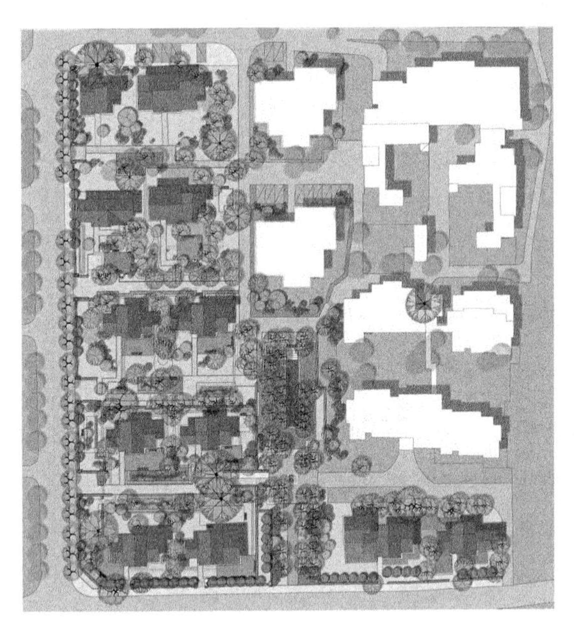

图 5－47　胜因院总平面图

（图片来源：《清华大学胜因院景观，北京，中国》）

设计步骤如下。

(1)场地竖向、径流分析与汇水区划分。

场地原状基本为东南高，西北低，整体高差 2m 左右，设计师对场地进行径流模拟分析，结果表明现状径流过程总体为雨水在场地东侧汇集后向西流动，最终从西北角流出。但因场地西南部最低处会有多股径流汇集，总量较大且难以排出，汛期往往导致雨水积涝于此。基于此，划分场地径流汇水分区，分析不同分区的排水压力、排水方向，结合绿地布局考虑雨洪管理措施的位置(见图 5－48)。

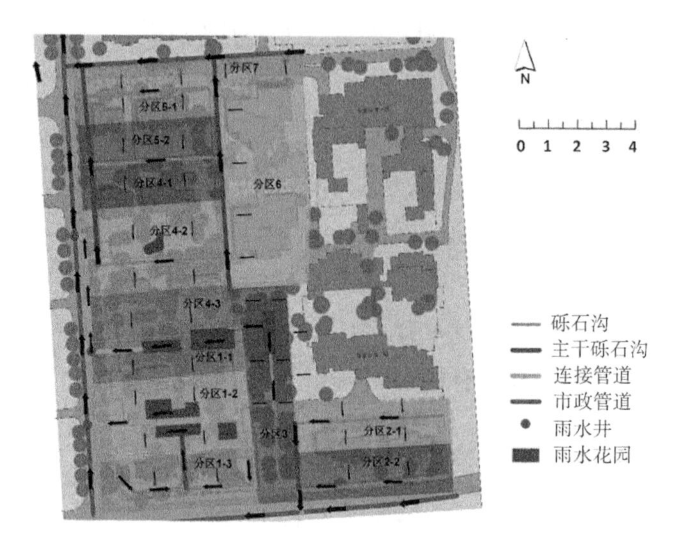

图5－48　胜因院汇水分区图

（图片来源：《景观水文与历史场所的融合——清华大学胜因院景观环境改造设计》）

(2)土壤渗透系数测定。

胜因院场地原来下垫面包括建筑坡屋面、水泥地面、水泥砖、裸地及绿地等。这些地面的径流系数不同。改造方案除必要道路、广场铺装外，尽可能增加雨水下渗的机会。项目对拟设立雨水花园位置的土壤渗透系数进行了测量，以明确场地土壤现状下渗能力，从而优化雨水花园的具体设计。胜因院经过多年人为改造，土壤质地构成较为复杂，砂壤土、壤土、黏土等都有分布，另外还有大量建筑垃圾、回填土等，说明该地段土壤已非完全的自然土壤。根据《建筑与小区雨水利用工程技术规范》(GB 50400—2006)，雨水入渗系统的土壤渗透系数宜为 $10^{-6} \sim 10^{-3}$m/s，设计团队经过现场测试，数据显示场地土壤基本满足设计雨水入渗系统的渗透要求，但渗透性不高，拟通过换土来提高土壤渗透性能，且换后的入渗层厚度应能保证蓄渗设计的要求。

(3)雨洪管理措施的选择、计算与设计。

胜因院雨水花园的设计目标定为调蓄1～2年一遇24h暴雨(日暴雨)。据有关资料，北京市1年一遇的日暴雨雨量为45mm，2年一遇的日暴雨雨量为70mm。基于此规模，胜因院总体设计6处雨水花园。在最低洼的25、26、29、

30 号楼所在汇水分区内设较大规模雨水花园，调蓄能力按 2 年一遇日暴雨标准设计，过量雨水外排。其他庭院根据径流总量分别设置相应调蓄规模的雨水花园。这 6 处雨水花园位于各汇水分区，在四季及雨旱季节各具特色，均成为庭院的核心景观。雨水花园的尺寸需保证蓄渗设计要求，形状灵活顺应周边建筑、道路，并结合置石、旱溪、木平台及植物等景观元素，形成多种组合关系[26]。

胜因院共设 6 处雨水花园，根据其高差关系，设置各自的溢水口，以砾石沟或浅草沟连接，形成联动调蓄作用。其中 2 号雨水花园标高最低，溢水口连接市政雨水管，过量雨水靠重力外排。

雨水花园边界分别以石笼、条石台阶、垒砌毛石等材料处理。石笼具有防止土壤侵蚀、过滤径流的作用，条石台阶可供人驻足、小坐，垒砌毛石则使雨水花园与周边置石、植物的结合更为自然(见图 5 -49)。

图 5 -49　胜因院雨水花园边界处理

各汇水分区内排水路径上设砾石沟、草沟，成为生态化排水明沟，使屋顶、硬质铺装的降雨径流靠重力自排至雨水花园，过程中减缓流速、增加下渗。这些雨洪管理措施均设立解说系统，增强公众环境教育功能(见图 5 -50)。

根据雨水花园土壤水分周期性变化的特点，种植水、陆长势均良好的植物，如黄菖蒲、千屈菜、花叶芦竹、狼尾草、鸢尾、细叶芒、蓝羊茅等，强化雨水花园功能与景观效果(见图 5 -51)。

图5-50　胜因院雨水排水路径图

（图片来源：《景观水文与历史场所的融合——清华大学胜因院景观环境改造设计》）

图5-51　胜因院雨水花园植物配置

胜因院在功能上由原来的居住区改为科研办公区，从而对空间提出新的功能要求，即在原有私家院落之外增加公共空间，满足科研办公人员户外休憩、交流的需要。另外周边社区居民、学生也会产生一定户外使用需求。但鉴于胜因院曾为居住环境，其原有的人性化尺度仍应保持，因此设计解决方案是创造介于公共和私密之间的半公共空间。具体处理上，场地整体外围采用60cm高的毛石矮墙限定，使胜因院对外边界明确，突出其自身整体性，而采用乔灌木等软性元素围合内部各院落，做到内外有别，层次清晰。各庭院结合高差、大乔木及雨水花园，布置一系列统一而又多样的木平台，成为公私过渡空间及半公共户外交流场所(见图5－52)。这一点对于在进行老旧小区宅间绿地景观改造时具有很大的借鉴意义。

胜因院作为规模仅1公顷多的一处场地改造案例，以小见大，强调在雨洪径流产生的源头，通过合理的场地竖向设计、下垫面渗透性改善措施，利用场地现有的绿地景观元素调蓄、处理并削减径流总量，进而将雨洪管理措施创造性地与场地景观营造有机融合，使场地更新改造成为解决积涝问题与创造新景观的契机。这种低成本、低影响、低技术的景观途径，对我国众多城市的老旧小区在解决雨洪内涝问题的策略选择方面具有启发意义。

图5－52　胜因院外部空间处理

5.6.4　案例总结

High Point社区、Kokkedal社区、清华大学胜因院作为旧居住区海绵化改造的典型案例，其中的设计理念和设计手法值得在老旧小区海绵化改造实践中借鉴和学习，主要包括以下几点：

(1)充分尊重场地本来的环境特征，以存在的问题为导向，因地制宜，提出有针对性的设计策略。

(2)以景观手段为载体实现雨洪管理、生态以及功能的有机融合，将景观化的雨水管理设施融入场地中，使其提供环境效益的同时能发挥美化住区环境的作用。

(3)在设计过程中注重景观手段的艺术化表达，使得雨水景观成为可欣赏、可教育、可参与的场所。

(4)设计过程要关注居民的行为及心理特点以及对环境的品质要求需求，尽可能地满足其交往、健身、休闲、活动等空间需求。

第6章

设计案例

6.1 小区概况

6.1.1 区位分析

宝力小区位于河北省石家庄市区偏西北处，北二环东路与联盟路之间，东临农机街，总占地面积约5.79hm²，小区于1998年建成并投入使用，共16栋住宅楼，以6层多层建筑为主，属于典型的北方老旧小区(见图6－1)。

图6－1　区位图

石家庄临近太平洋所属渤海海域，属于温带季风气候。太阳辐射的季节性变化显著，地面的高低气压活动频繁，四季分明，寒暑分明，雨量集中于夏秋季节。空气年平均湿度65%。石家庄市城区年平均降水量为516.2mm，年最大降水量为1097.1mm(1996年)，年最小降水量为226.1mm(1972年)；月最大降水量为751.9mm，出现在1963年8月；日最大降水量为359.3mm，出现在1996年

8月4日；1小时最大降水量为92.9mm，出现在1967年7月29日。年降水时段主要集中在7、8月，占全年降水量53%，夏季(6~8月)降水量占全年降水量的65%。[27]总日照时数为1916.4~2571.2h，其中春夏日照充足，秋冬日照偏少。

6.1.2 场地条件

宝力小区总用地面积为5.79hm^2，其中绿化面积2.04hm^2，屋面面积1.59hm^2，道路和铺装面积2.16hm^2。小区建筑密度为27.5%，绿地率为35.2%，不透水率达到了64.8%。

宝力小区整体地势较为平坦，竖向变化较小，小区道路纵坡约为1%~2%。

6.1.3 排水系统

小区雨水系统以排水管网为主要架构，雨水快速收集、快速排出，小区内部缺少雨水收集和回收利用设施。小区现有排水系统为雨污分流管道，雨水汇流入排水管道。尽管小区已实现雨污分流，但受到地表径流系数高、排水管线错接错搭等因素的影响，雨天排水不畅、路面积水现象仍较为常见。

宝力小区总建筑栋数17栋，占地面积约1.59hm^2，其类型为多层平屋顶式住宅。屋面径流主要通过屋顶边缘处的檐沟汇入落水管，落水管雨水流到地面，再通过地面径流流入雨水口，最后流进城市雨水管网。考虑到绿色屋顶建设成本较高，且与居民协调有难度等因素，因此对于屋面雨水的净化与滞蓄可通过落水管结合雨水种植池或下凹式绿地的方式来实现。

6.2 小区现状问题分析

6.2.1 雨洪问题

根据实地调研与观察，发现小区现状雨洪问题比较突出，雨水口排水能力不足，中小雨时多处存在积水，路面湿滑，雨天出行体验欠佳。

机动车道积水状况。从图片可以看到降雨过后机动车通行道路有了大面积积水，并且由于缺少停车位许多车辆停在绿化土地上，车轮把大量泥土带到道路上形成大量泥泞水坑(见图6-2)。

图 6－2　机动车道积水状况

小广场积水状况。大面积的硬质不透水铺装形成水坑以及旁边道路积水无法排放形成的水坑，这也正是由于铺装不透水且排水不畅而造成的(见图 6－3)。

图 6－3　小区广场积水状况

入户道路积水状况。入户道路上形成的积水主要是因为屋顶径流直接通过下水管排向入户道路地面，而道路既没有能力将雨水引入下水道，又不透水，导致雨水无处排放形成积水(见图 6－4)。

图 6－4　入户道路积水状况

6.2.2 交通停车问题

大部分的老旧小区都存在交通停车问题，主要是由于小区建造时居民拥有车辆数不多，近几年机动车数量急剧增长，停车位严重短缺，许多车辆选择停放在靠路边以及有铺装的林下场地，还有许多车辆停在绿化带里和入户道路上，这些随意停车，既影响小区安全又影响空间质量(见图6-5)。

图6-5 机动车随意停车

另外，小区内机动车和人行空间混杂，入户道路逼仄，交通体系不完善。并且路面不透水，老化不平，既影响雨洪排放又不美观。机动车行道与入户道路没有界定，导致大量机动车在入户道路行驶及停靠。

6.2.3 景观绿地问题

宝力小区的楼间距相对比较合适，在规划之初大部分宅间都规划有绿地，但宅间绿地空间目前的利用率几乎为零，大部分的宅间绿地都在道路外围种植绿篱，人们无法进入，并且由于长时间的无人管理，杂草丛生，有的被居民私自占用改为菜地，有的被机动车停车占用，损毁严重(见图6-6)。

图6-6 被挪用和损毁的宅间绿地

在8号楼和9号楼之间有一整块“L”形场地，面积比较大，种植有一些大乔木，其下为硬质不透水铺装。从铺装可以看出原来此处应为一块集中绿地，但是目前已被完全硬化，一部分作为健身活动场地，一部分成为停车场(见图6－7)。

图6－7 改为他用的小区原中心绿地

6.2.4 公共活动空间问题

小区内活动空间缺乏，设计不合理造成空间利用率低无法满足居民们的日常休闲活动需求。通过现场调研仅仅只有3处算作活动场地的空间。原为中心广场的空间缺乏围合感及必要的景观设施，被车辆随意停放占地；宅间绿地原为居民休憩的空间，仅有简陋的桌椅，场地损毁严重，被堆放垃圾、随意停放自行车，失去了原有的功能(见图6－8)。还有一处健身广场，只在场地两侧放置一些健身器材，功能单一，无其他设施，领域感较差(见图6－9)。

图6－8 小区公共活动空间现状

图6-9 小区健身广场现状

6.3 小区现状优劣势分析

6.3.1 小区现状优势

小区内住宅建筑布局较为整齐，外墙面保持较完整，无损毁、墙皮脱落等问题。楼间距适中，原基底绿化面积较大，为小区改造优化留有余地。

6.3.2 小区现状劣势

(1)小区的公共空间及公共设施不足。居民们私自占用公共区域比较严重。公共设施不完善，健身广场的健身器材不全，没有提供可以让人休憩的座椅等必要设施；小区的垃圾桶配置较少，居民们乱扔垃圾的现象比较严重。

(2)绿地利用率低。虽然绿化面积不小，但可使用的绿地空间少。植物种植杂乱，常绿植物少，景观效果差。没有进行统一的管理与维护。

(3)停车混乱。无科学规划停车位，乱停乱放比较严重，停车侵占绿地、道路等空间现象普遍。

(4)雨水排放系统粗放。小区硬质铺装面积大，径流集中，易造成积水。

(5)各种管线外露。破坏了小区的整体感，使环境显凌乱且有安全隐患。

6.4 改造设计目标与策略

6.4.1 总体定位

场地现状分析表明，宝力小区在雨洪管理、绿地景观、空间布局、配套设施等方面均存在突出的问题，在本次改造方案中，通过雨水系统海绵化改造，使该小区首先应成为排水安全的宜居社区。此外，在改造过程中还要重点解决停车问题和公共交往、休憩娱乐、健身活动等居民所特别关注的问题。

6.4.2 海绵化改造控制目标

海绵城市建设体积控制目标主要采用年径流总量控制率作为其控制参数。住建部颁布的《海绵城市建设技术指南——低影响开发系统雨水构建》中将我国大陆地区大致分为5个区，并给出了各区年径流总量控制率的最低和最高限值，即Ⅰ区（$85\% \leqslant \alpha \leqslant 90\%$）、Ⅱ区（$80\% \leqslant \alpha \leqslant 85\%$）、Ⅲ区（$75\% \leqslant \alpha \leqslant 85\%$）、Ⅳ区（$70\% \leqslant \alpha \leqslant 85\%$）、Ⅴ区（$60\% \leqslant \alpha \leqslant 85\%$）。各地应参照此限值，因地制宜的确定本地区径流总量控制目标。据此，由石家庄市城市管理委员会组织编制的《石家庄市海绵城市规划设计导则（试行）》中将石家庄市海绵城市建设总体目标定为年径流总量控制率不低于75%，其中规定建筑与居住小区改扩建项目年径流总量控制率不低于70%。因此本项目海绵化改造目标为年径流总量控制率为70%，所对应的设计降雨量取值为18.4mm（见表6－1）。

表6－1 年径流总量控制率对应的设计降雨量

年径流总量控制率/%	50	55	60	65	70	75	80	85	90	95
设计降雨量/mm	9.3	11.0	13.1	15.5	18.4	21.8	26.1	31.6	39.9	59.6

6.4.3 改造设计策略

为满足上述小区改造的各项目标，本方案在场地现状评估的基础上提出以下设计策略：

（1）海绵化改造。分别对建筑宅旁绿地、道路、铺装、公共绿地进行海绵化改造，通过选用雨水种植池、透水铺装、下凹式绿地这三类海绵设施从源头环节对雨水进行初步的净化和调蓄，在小区内部形成分散式源头处理空间；在此基础之上，通过景观植草沟或排水沟对源头环节的过量雨水进行收集和传输，雨水径流传输进入小区内部的生物滞留池中进行处理和滞蓄，过量雨水通过溢流进入雨水管网。

（2）外部空间改造。通过对小区居民的调查，了解居民对空间的需求，并根据不同类型居民的需求相应地设置老年活动区，儿童活动区和休闲活动区等场地。

(3)停车场规划改造。由于小区内空间有限，设置大型集中停车场并不现实。宝力小区的主要交通问题之一是没有区分入户道路和车行道，车辆在宅间穿行并且没有明确的停车区域。所以在改造时将小区入口车流量较大的地方添加一条人行道，减少人车混行的安全隐患，并用铺装区分出机动车行道；车辆乱停的根源是停车位不足，但小区空间有限，设置较大的集中停车场并不现实，所以改造时采用灵活停车的方式，一方面选择在车流量比较小的小区南北两端及部分宅间绿地边缘设置生态停车场，另一方面利用中心绿地南端部分场地设置垂直循环式立体停车场。将停车空间进行合理规划，有效解决车位不够、车辆乱停的问题。

此外，小区中还有大量使用电动车和自行车的居民，所以在入户道路的一侧设置有非机动车停车位，这样一来减少自行车乱放阻碍消防通道的现象，一定程度规范居民乱停车的行为。

6.5 改造设计方案

6.5.1 总体布局

对小区的道路进行梳理，保留原有的主要道路，将机动车道、人行入户道路区分开来。本次改造设计基本保留原有绿地，由于居住区的绿地基本位于住宅中间，需要考虑动静分区，所以将宝力小区中心对住户影响较小的“L”形硬质铺装场地改造为有大量活动场地的绿色活动空间。其他宅间绿地基本保留，经过增加小型场地，和雨水花园的组合形成既能活动又美观，还能够促进生态循环的较为安静的宅间景观空间(见图 6 – 10)。

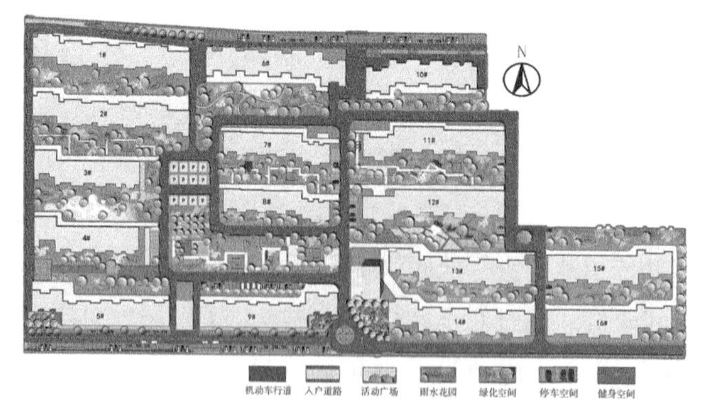

图 6 –10　宝力小区总平面图(图片来源：吴胜楠绘制)

6.5.2 设计径流控制量计算

宝力小区内绿地较为分散，楼间绿化面积较集中，有利于屋面、道路雨水流入到布置在绿化带的雨水花园、下凹式绿地等低影响生物滞留设施，室外停车场地建设为透水停车场，广场及园路及入户道路亦采用透水铺装，参照《石家庄市海绵城市规划设计导则(试行)》中各类下垫面雨量径流系数参考值，结合项目自身特征，采用加权平均法，计算小区综合雨量径流系数，如表6-2所示。宝力小区总面积为57852m^2，改造后下垫面主要包括屋面、混凝土路面、绿地以及透水铺装四种类型，其中屋面面积15881m^2，径流系数ψ值0.95；混凝土路面面积为12645m^2，径流系数ψ值0.85：绿地面积为20355m^2，径流系数ψ值0.1；透水铺装面积为8971m^2，径流系数ψ值0.2。设计只考虑雨水花园等生物滞留设施有调蓄功能，不考虑绿色屋面和透水铺装的调蓄功能，雨水花园调蓄深度按30cm计，下凹式绿地调蓄深度按10cm计。

表6-2　径流系数

下垫面种类	面积/m^2	流量径流系数ψ
平屋面	15881	0.95
混凝土道路	12645	0.85
绿地	20355	0.1
透水铺装	8971	0.2

注：以上数据参照《石家庄市海绵城市规划设计导则(试行)》。

综合径流系数应按下垫面种类加权平均计算：

$$\psi_Z = \frac{\sum F_i \psi_i}{F}$$

式中　ψ_Z——综合径流系数；

F——汇水面积，m^2；

F_i——汇水面上各类下垫面面积，m^2；

ψ_i——各类下垫面的径流系数。

经计算小区综合雨量径流系数ψ_z为0.51。

采用容积法对小区设计径流控制量进行计算，设计径流控制量计算公式为：

$$W = 10\psi_z h_y F$$

式中 W——径流总量，m^3；

ψ_z——雨量综合径流系数；

h_y——设计降雨量，mm；

F——汇水面积，hm^2。

经计算宝力小区设计径流控制量为 $543.3m^3$。

设计雨水花园/下凹绿地的调蓄容积合计约为 $597m^3$，大于目标要求 $543.3m^3$。

6.5.3 汇水区划分及指标分解

根据宝力小区地形现状，依据场地地形标高以及小区内部雨污管网分布，本方案对小区内部汇水区进行详细划分，分区域布局海绵设施来对雨水径流进行管理和控制。如图 6－11 所示设计中将场地划分为 9 个汇水区，依据分区面积进行指标分解和调蓄容积需求值计算。各汇水区综合径流系数及雨水调蓄需求值计算结果见表 6－3。

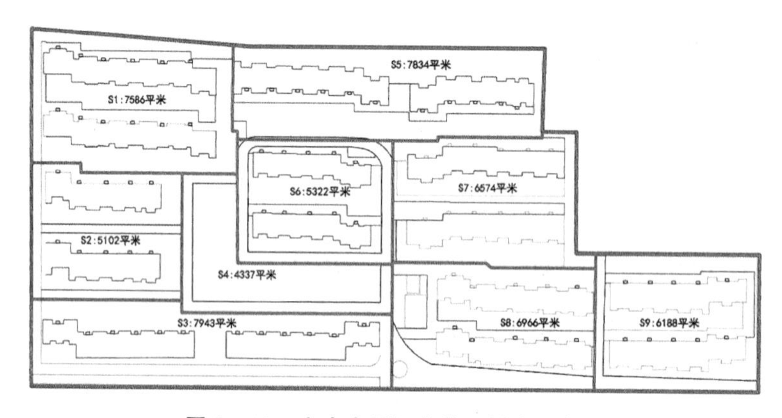

图 6－11 宝力小区汇水分区划分示意图

表 6－3 各汇水区综合径流系数及雨水调蓄容积需求值

汇水分区编号	分区面积/m^2	综合径流系数	所需调蓄容积/m^3
S1	7586	0.49	68.4
S2	5102	0.52	48.8
S3	7943	0.53	77.5
S4	4337	0.41	32.7
S5	7834	0.48	69.2

续表

汇水分区编号	分区面积/m^2	综合径流系数	所需调蓄容积/m^3
S6	5322	0.52	50.9
S7	6574	0.51	61.7
S8	6966	0.53	67.9
S9	6188	0.53	60.3

6.5.4 低影响开发设施选择与布局

(1)低影响开发设施选择。

根据前面确定的雨水径流控制量目标以及径流污染控制目标，同时综合考虑场地建设条件、经济与环境效益等需求，本方案所选择的低影响开发设施包括下凹式绿地、透水铺装、生物滞留池、景观植草沟和景观蓄水池等5项。

(2)低影响开发设施布局。

本方案以子汇水区为设计单元，根据各汇水区域的雨水调蓄容积需求值合理按照下垫面类型的不同，将9个子汇水区分为了两大类。

其中，S4汇水区下垫面类型以硬质广场和道路为主，地表径流系数较高，将低影响开发设施与功能相结合对其重新布局成为设计的关键。对于广场空间的改造，首先通过铺设透水材料来促进地表对雨水径流的下渗；其次，结合功能布局，增加绿地，并在其中布置雨水花园和生物滞留池来收集和过滤场地的雨水径流；广场周边道路产生的雨水径流则通过线性景观植草沟传输至生物滞留池中进行处理。

S1、S2、S3、S5、S6、S7、S8、S9汇水区下垫面主要包括建筑屋面、绿地、硬质停车位和道路四种类型，建筑、宅旁绿地以及硬质停车位构成独立的住宅单元，各住宅单元通过道路连接形成住宅组团，因此本方案将其归为一类进行低影响开发设施布局。各汇水区内部雨水径流首先通过住宅单元内的下凹式绿地和渗透铺装得到初步滞留和净化，过量雨水通过溢流口汇入景观植草沟，通过线性景观植草沟的收集和传输雨水径流最终进入分散的生物滞留池中进行调蓄和净化(见图6-12、图6-13)。

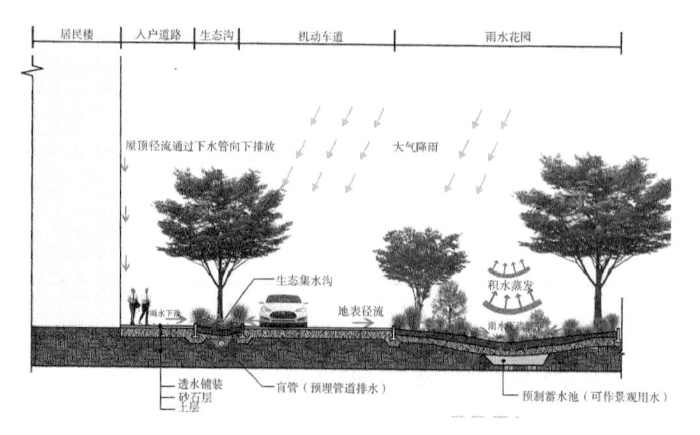

图 6－12　宝力小区雨洪管理分析图(图片来源：吴胜楠绘制)

图 6－13　宝力小区入户道路雨洪管理措施(图片来源：吴胜楠绘制)

6.6　改造节点设计方案

6.6.1　中心绿地改造设计

6.6.1.1　现状问题分析

(1)不透水硬质铺装比重大，雨水径流系数高。

宝力小区的中心绿地位于小区中央，为一块 L 形场地，场地现状基本以硬质混凝土或广场砖铺装为主，其竖向标高比周边道路略高。大面积硬质不透水铺装致使地表对雨水的下渗能力较弱，其雨水径流主要流入道路的雨水口排放，同时平坦的地形会导致雨水不能快速排出而滞留于场地内部，雨水排出时间延缓，易形成积水(见图6－14)。

图6－14　中心广场现状

(2)场地设计形式单一，空间吸引力不足。

目前，中心绿地主要以硬质铺装为主，仅场地周边和南边停车区种植有一些大乔木，其余空间无划分，无绿化。空间布局和景观设计形式单一，同时缺少一定面积的休憩交流和停留空间，空间层次的丰富性以及空间功能的复合性较弱，整体上缺乏空间吸引力。

(3)配套设施陈旧，空间利用率低。

作为面积较大的一处开敞空间，中心绿地是小区住户重要的室外活动场所，然而此处的配套设施较为单一陈旧，仅有的设施为北边场地两侧的健身器材。

6.6.1.2　设计策略

(1)构建场地内部雨水循环体系。

依据“源头削减、中途传输、末端调蓄”理念，通过源头、中途、末端3个环节雨水控制设施的协同作用在绿地空间内部形成雨水循环系统，从而实现径流削减、雨水净化等目标。首先，将现状内部的地表铺装改为彩色透水混凝土，增加雨水的下渗面积，形成雨水渗透空间；其次，在满足功能和使用需求的基础上对原有绿地进行面积扩充和下凹式地形改造，形成生物滞留池、景观蓄水池、雨水花园等雨水滞蓄空间；最后，通过布置植草沟、暗管等“中途传输”设施来实现雨水的传输和流动。

(2)丰富空间层次，提升空间吸引力。

该场地在功能上定位为综合活动空间，将原有单一空间通过绿地、景观小品等设计要素划分为满足不同功能需求的空间，丰富空间层次。并根据功能增添多样化的景观设施：座椅、廊架、体育健身设施等提升空间活力指数和吸引力。

(3)增强空间功能多样性，提升空间利用率。

空间功能的多样性是影响空间品质的重要因素，对空间的使用频率产生直接影响。宝力小区人口结构较为复杂，老人和儿童占据很大一部分比重，中心广场作为小区内部重要的室外活动空间，在改造过程中应灵活的弱化空间边界，通过增强空间功能“不确定性”的方式来满足不同人群的使用需求，提升空间利用率。

6.6.1.3 设计方案

(1)总体布局。

从东边开始是一小块过渡场地，经过循环雨水花园后进入另一休闲场地，旁边是一处可以下棋或休憩的凉亭，之后为两个标准羽毛球、毽球场地，人们可以在这里打羽毛球、踢毽球，放松身心。之后进入一个健身空间，其中有健身器材和沙坑，与场地拐角处林下空间相邻，各个场地基本都设置有景观座椅和垃圾桶，适合小区所有居民使用(见图6－15、图6－16)。

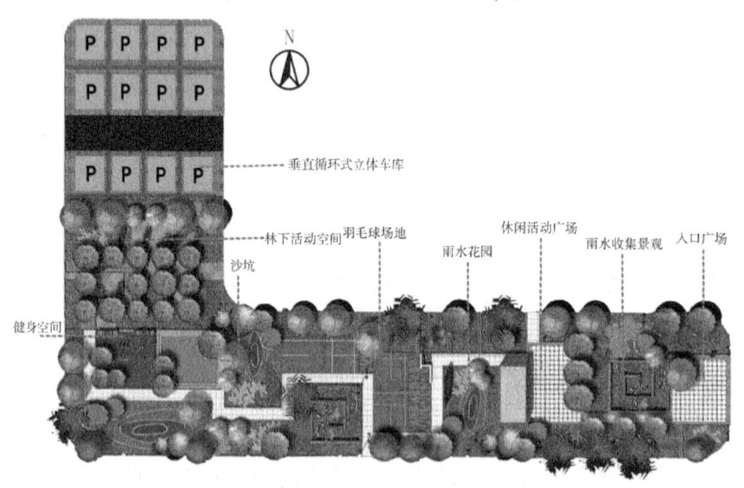

图6－15　中心绿地平面(图片来源：吴胜楠绘制)

图6－16　中心绿地鸟瞰图(图片来源：吴胜楠绘制)

(2)东入口小广场。

在东部入口小广场中心设置一个生态蓄水池，不下雨时混凝土水道与各种植物石子形成旱地雨水花园景观，下雨时水在高低不同的水道中流动既具有景观效果也能够进行雨水汇集(见图6－17)。

图6－17　中心绿地东入口小广场(图片来源：吴胜楠绘制)

(3)休闲小广场。

中式的格栅廊架和对面的景墙相互呼应形成休闲下棋空间，茂盛的花木带来舒适的景观空间，居民可以在这里坐着谈天博弈(见图6－18)。

图6－18　中心绿地休闲小广场效果图(图片来源：吴胜楠绘制)

(4)休闲小广场。

在中心绿地除设置一处羽毛球活动场地为居民提供专业的运动场地，改善之前没有运动场地的问题，同时也可以作为毽球或其他活动场地，场地周边设置有树池座椅可供休憩之用。此处距离居民楼有一定距离，不会扰民(见图6－19)。

图6－19　中心绿地羽毛球活动场效果图(图片来源：吴胜楠绘制)

(5)林下活动空间。

场地西侧原种植有悬铃木等大乔木，改造设计时保留这些乔木，将其改造为林下活动广场，一部分放置各种健身器材，作为健身运动场地，一部分设置休闲座椅，作为小区公共交往空间(图6－20)。

图6－20　中心绿地林下活动空间效果图(图片来源：吴胜楠绘制)

6.6.2　宅间绿地改造设计

6.6.2.1　问题分析

(1)竖向设计不合理，雨水滞蓄能力较弱。

宝力小区宅间绿地的竖向标高高出周围路面 3 ~ 4cm，地表植被覆盖层高度与路缘石相一致，因缺少雨水下渗空间绿地对雨水径流的滞蓄能力较弱，过量雨水只能沿路缘石排向道路路面，多雨季节若雨水排放不及时会造成路面积水现象。

(2)空间形式封闭，可达性和景观参与度较差。

宝力小区宅间绿地的设计主要以满足小区绿化率要求为目的，设计形式只停留在简单的绿化覆盖层面，以地被植物结合低矮灌木围合形成封闭空间为主要形式，绿地内缺乏配套设施，或者设施损毁严重，导致其可达性和景观参与度较差，在一定程度上造成了空间资源以及景观资源的浪费。

(3)种植设计形式单调，缺乏维护。

宅间绿地的种植设计形式较为简单，植被季相特征不明显，由于管理不善，还有部分绿地被私人占用或者植被破坏，黄土裸露。整体上景观绿化效果较差。

6.6.2.2　设计策略

(1)地形微改造，布置景观化低影响开发设施。

针对宅间绿地竖向设计不合理、雨水滞蓄能力弱等问题。首先，对绿地进行下凹式改造，通过调整绿地与道路竖向关系、设置开口路缘石的方式引导雨水径流的排放；其次，在绿地内部布局生态植草沟和生态滞留池，形成带状雨水处理模块对雨水径流净化和调蓄。

(2)开放空间，提高空间可达性和景观参与度。

先通过弱化绿地的空间边界来增强绿地与周围空间的渗透性和联系性，营造开放式空间；在此基础之上，利用透水性铺地材质建立内部通行路径系统以保证住户进入其中能够自由地穿行；同时，通过布置一定数量的配套设施或景观互动设施来提升空间活力。

(3)增加使用功能，充分发挥空间效能。

在不同地块针对性的设置有适合老年人使用的休闲步道、凉亭，棋牌活动等空间，适合儿童游戏的趣味空间，还有适合休闲交流、运动健身的复合型空间，使宅间绿地发挥其空间效能，增加邻里交往，增强小区的领域性和归属感。

6.6.2.3 设计方案

(1)老年活动空间。

在各个居民楼之间有各种适合老年人的较为安静的休闲步道、凉亭，进行下棋、健身等不同活动。比如11栋与12栋之间的景观空间，西侧有林下的棋牌活动空间，中间结合雨水花园与中式景墙围合成一个紧凑的空间，既丰富了景观层次，又使景观空间有些变化(见图6-21、图6-22)。

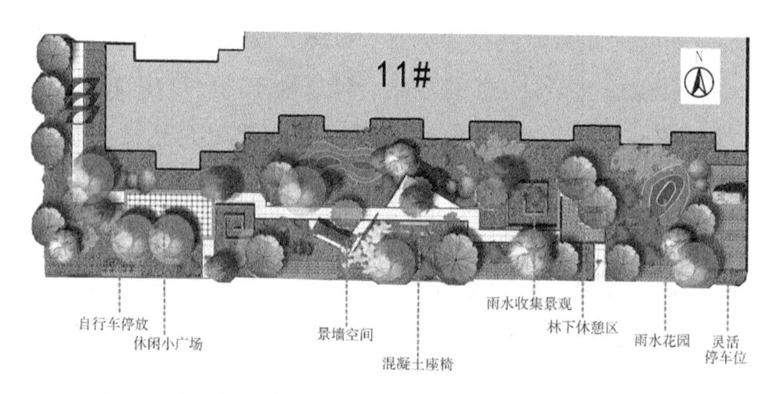

图6-21 老年活动空间平面图(图片来源：吴胜楠绘制)

图6-22 老年活动空间效果图(图片来源：吴胜楠绘制)

位于4栋与5栋之间的健身空间也同样可以作为老年活动区，设置种类丰富的健身器材。健身空间也采用透水铺装，避免雨后积水现象，旁边雨水花园中耐湿耐旱植物与高大乔木也能够给人以生态舒适的林荫环境进行健身活动。

其他的宅间绿地以曲折的道路贯穿，中间穿插凉亭、廊架及景观座椅等构筑物，给老人及其他居民以驻足观景的景观空间。

(2)儿童活动空间。

儿童活动空间位于3栋与4栋之间，曲线形的空间形式既有趣味性，又具安全性。中间两个凸起的空间可以让儿童攀爬，锻炼其四肢协调性。丰富的色彩增加空间趣味性。旁边设置树池座椅可以供看护儿童的家长休憩交流(见图6－23、图6－24)。儿童在玩耍的同时可以通过活动区内的名牌认识不同植物名称，寓教于乐，在嬉戏的同时可以学习雨水花园的原理及意义，从小树立生态意识。

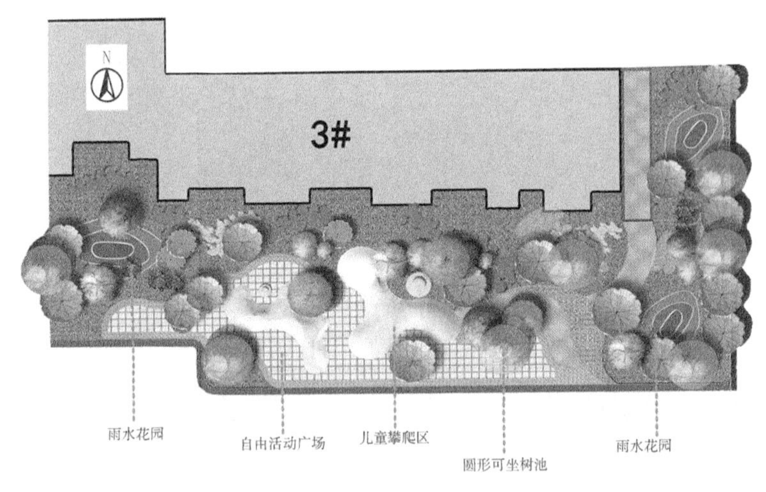

图6－23 儿童活动空间平面图(图片来源：吴胜楠绘制)

图6－24 儿童活动空间效果图(图片来源：吴胜楠绘制)

(3)休闲休憩空间。

休闲休憩区是小区中占面积最多的区域，主要形式是以植物为主，贯穿曲折的小路作为休闲散步的步行道路，既是交通系统的一部分，同时也是景观游览休闲的一部分，少量的构筑物例如凉亭、廊架、景观座椅等可以丰富功能和点缀绿化空间，使居民在户外活动中既可以选择“动”的运动区域，也可以选择这样比较安静的休闲区域，比如乘凉、散步、聊天等个人活动(见图6-25、图6-26)。

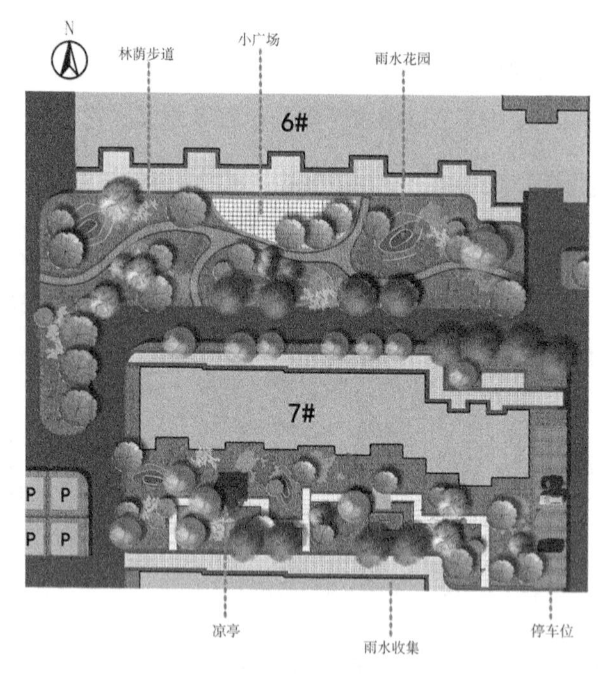

图6-25　休闲休憩空间平面图(图片来源：吴胜楠绘制)

图6-26　休闲休憩空间效果图(图片来源：吴胜楠绘制)

6.6.3 停车场设计

6.6.3.1 垂直循环式立体停车场

考虑到小区停车需求较大，但大面积设置停车场必然会占用绿地和公共活动空间，因此本方案中考虑在“L”形中心广场的南端设置垂直循环式立体停车场。这样的立体停车场占地面积少，只需宽7.43m，长6.78m，约50m^{2}的面积就可容纳12～14辆车。既节约成本又节约占地面积，高效利用有限的停车空间，使停车效率最大化。将立体停车场设置在此处距其他住宅较远，不会造成干扰(见图6－27、图6－28)。

图6－27 立体车库意向图

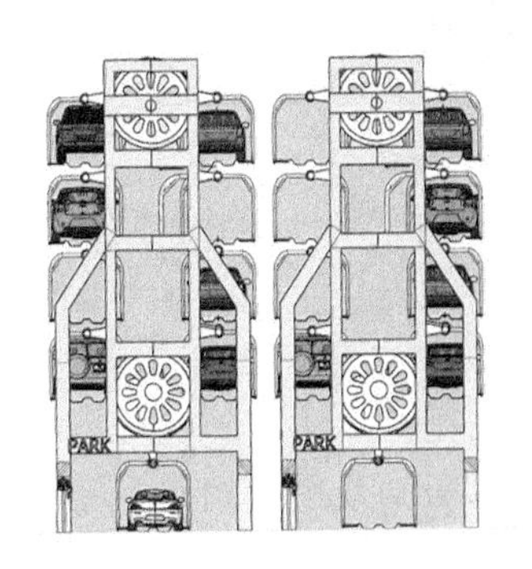

图6－28 立体车库立面图

6.6.3.2 分散式生态停车场

生态停车场，是指在生态学理论的指导下对其环境因地制宜地采用绿色基础设施，在符合生态性要求的同时又能满足停车场的实用性、安全性、景观性等多方面的要求[28]。一般多采用透水铺装、雨水花园、植草沟等单项多项低影响开发措施。

宝力小区由于受场地所限，因此无法设置集中式停车场，主要利用边角空地和部分楼间绿地做分散式生态停车场。根据利用率高低和人流量可以选用嵌草砖或植草砖、透水砖或者透水铺装进行改造现有的不透水硬质铺装，从而降低雨水径流，还原雨水渗透过程，使得雨水渗入进土壤，进行集蓄。结合场地在停车场周边设置生态植草沟或雨水花园，用来汇聚雨水。为了最大程度地减少和减小径流雨水对种植土壤的冲刷和污染，在每个进水口和溢流口周围铺设鹅卵石作为缓冲区和沉淀区，且通过合理地选择植物种类(耐淹、耐旱等)，对设施内的雨水进行净化。最后，通过在末端控制的雨水花园等生态滞留设施设置溢流口，经其底部的连接管将场地雨水排入市政雨水管道(见图 6-29)。

图 6-29 生态停车场设计意向图

(图片来源：《雨洪管理目标下的既有住区室外空间设计研究——以大连市为例》)

6.6.4 种植设计

植物是海绵城市建设基本要素之一，它能够吸纳及净化雨水，是解决雨水污染和水体存储循环的关键环节，是美化景观和保证雨水处理功能的重要元素。植物也是营造居住小区宜居环境的必不可少的景观要素。

根据宝力小区的现状，改造时保留那些长势好的乔灌木，对长势差、景观效果不好、成活率低和已经死亡的植物进行清除，重新配置适用于雨洪管理措施的植物，选择既耐干旱又耐水湿、去污效果强的树种进行种植，同时注意景观效果，将乔木、灌木、草本植物、湿生植物相结合。另外，在植物配置中尽可能多用乡土树种来保证植物种植效果的稳定性，根据植物习性和自然界植物群落形成的规律，仿照自然界植物群落的结构形式合理选择和配置植物。在适地适树原则的基础上，植物配置过程中尽可能地选择和运用较多的植物品种来丰富植物的种类，达到生物多样性要求。

由于集水区和非集水区对植物有不同的要求，因此配置时进行了一定区分。

(1)集水区植物配置。

集水区植物既需要发挥其对雨水径流的截污净化作用，又需要有极高的观赏价值。与此同时，为适应丰水期与枯水期交替出现的现象，集水区植物既要有较强的水生环境适应能力又需要具备一定的抗旱能力(见表6－4)。

表6－4　集水区植物配置表

植物分类	配置植物						
乔木	 圆柏 	枫杨 	白蜡 	丝棉木 	馒头柳		
灌木	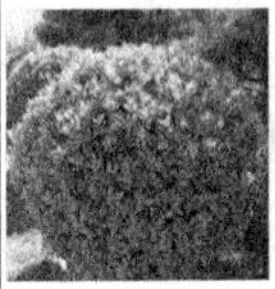 小叶黄杨 	凤尾兰 	月季 	金叶女贞 	红瑞木 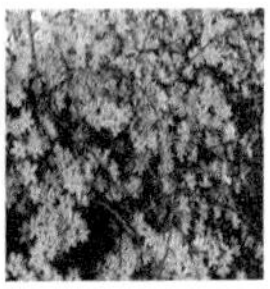	迎春	
草花、地被	 千屈菜 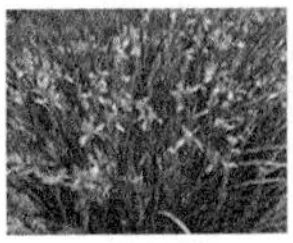	马蔺 	鸢尾 	黄菖蒲 	金光菊 	八宝景天 	细叶芒

(2)非集水区植物配置。

非集水区及一般活动场地的植物品种选择主要选择石家庄市常见物种为主，在原有植物配置的基础上做优化设计，优化植物配置结构的同时丰富植物层次，做到提高观赏价值的同时提升植物群落生物多样性(见表6－5)。

表6－5　非集水区植物配置表

植物分类	配置植物				
乔木	 雪松	 法桐	 大叶女贞	 国槐	 香椿
	 樱花	 碧桃	 二乔玉兰	 山楂	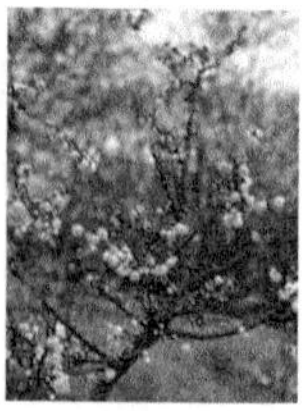 腊梅
灌木	 金银木	 丁香	 西府海棠	 榆叶梅	 紫荆
	 花石榴	 紫薇	 木槿	 火棘	 金焰绣线菊
草花、地被	 麦冬	 二月兰	 白三叶	 大花萱草	

6.7 本章小结

本章是对前文理论研究成果的实际运用，以石家庄市宝力小区为例进行了老旧小区海绵化改造的实证研究。首先，对宝力小区的区位概况、气候特征、地形地貌、下垫面构成及雨水系统结构等场地现状条件进行了系统地介绍、并对小区现状所存在的问题进行了全面的分析，在此基础之上结合项目定位确定具体的设计目标及海绵化改造控制目标，制定了改造设计策略。其次，运用环境工程专业知识对综合雨量径流系数、设计径流控制量、雨水调蓄容积等相关雨水设计数值进行了计算。最后，结合项目定位、海绵化改造控制目标及设计策略形成完整的设计方案，包括：宝力小区海绵化改造总体规划方案、雨水系统设计方案、节点设计方案、种植设计等。

| 第7章 |

研究结论

我国的老旧小区分布范围广且数量巨大，海绵城市理念为老旧小区内涝治理、景观提升等提供了生态化方案，将海绵建设理念融入小区停车位改造、内涝防治和景观提升工程中，可以因地制宜解决老旧小区实际存在的问题。

本书首先对海绵城市建设和老旧小区改造的背景和国内外相关研究进行了梳理和总结，对老旧小区所面临的各项问题进行了归纳和分析。在此基础上，以景观途径为设计导向，结合老旧小区的水文特征和本底环境特征，对雨水系统海绵化改造的设计目标、设计原则、设计流程进行了深入研究。接着，总结国内外当前主流应用的雨洪管理技术措施，整理出 6 种常用技术措施的设计要点及适用范围，并对其中应用最广泛的雨水花园从功能、效益、类型、建造步骤与方法等方面进行了介绍。以此为基础针对老旧小区的屋面、道路、绿化、广场、停车场等他提出具体改造策略，最后以石家庄市宝力小区为例进行了老旧小区海绵化改造的实证研究。

本书的研究成果如下：

(1)通过对一些代表性的老旧小区实地调研分析，总结目前老旧小区存在的问题，其中地表径流系数高、路缘石封闭、管网排水效率低、水体污染系数高、雨水资源利用率低，停车困难、绿化不足或缺乏管理、硬化地面破损凹凸不平、公共活动空间匮乏等是普遍存在的现象，对小区的环境空间品质及雨洪管理都造成了严重影响。

(2)提出了老旧小区雨水系统海绵化改造两大设计目标：缓解雨洪压力、提升整体环境质量。

(3)提出了老旧小区雨水系统海绵化改造五大设计原则：安全性原则、系统性原则、生态性原则、适宜性原则、经济性原则。

(4) 梳理了一套相对完整的老旧小区海绵化改造设计流程，明确了不同下垫面适宜的低影响开发技术设施。

(5) 基于前文的理论成果完成了宝力小区基于海绵城市建设的景观改造设计。

老旧小区海绵城市改造涉及雨洪调蓄、水体污染防治、雨水资源化利用等技术环节，需要风景园林、环境工程、给排水等专业的协同合作，而本书主要侧重于景观设计层面的研究，其他专业相关知识的研究与运用较为欠缺，书中所提出的设计策略、设计方法难免存在缺陷和不足，有待在今后的工作中继续探索和完善。除此之外，不同环境特征的老旧小区有着不同的海绵城市改造需求，在具体实践时应因地制宜，合理使用书中所推荐的策略与方法。

参考文献

[1]水利部水资源管理司.2020 年度《中国水资源公报》[J]. 水资源开发与管理，2021(8)：1－2.

[2]俞孔坚，李迪华."海绵城市"理论与实践[J]. 城市规划，2015，39(6)：26－36.

[3]朱玲. 旧住区人居环境有机更新延续性改造研究[D]. 天津大学，2013.

[4]中华人民共和国建设部. 关于开展旧住宅区整治改造的指导意见.

[5]王承华，李智伟. 城市更新背景下的老旧小区更新改造实践与探索——以昆山市中华北村更新改造为例[J]. 现代城市研究，2019(11)：104－112.

[6]车生泉. 西方海绵城市建设的理论实践及启示[J]. 人民论坛 · 学术前沿，2016(21)：47－53.

[7]刘颂，章亭亭. 西方国家可持续雨水系统设计的技术进展及启示[J]. 中国园林，2010，26(08)：44－48.

[8]王鹏，亚吉露 · 劳森，刘滨谊. 水敏性城市设计(WSUD)策略及其在景观项目中的应用[J]. 中国园林，2010，26(06)：88－91.

[9]孙秀锋，秦华，卢雯韬. 澳大利亚水敏城市设计(WSUD)演进及对海绵城市建设的启示[J]. 中国园林，2019，35(09)：67－71.

[10]Edward，T. McMahon，"Green Infrastructure"，Planning Commissioners Journal，2000(37)：pp. 32－45.

[11]刘博文. 海绵城市理念下老旧小区雨水系统景观化改造设计研究[D]. 苏州大学，2019.

[12]住房城乡建设部. 海绵城市建设技术指南——低影响开发雨水系统构建[Z]. 2014.

[13]黄薇. 海绵城市建设在西安老旧小区改造中的应用[J]. 居舍，2021(32)：19－21.

[14]任玉芬，王效科，韩冰，等. 城市不同下垫面的降雨径流污染[J]. 生态学报，2005，25(12)：3225－3230.

[15]王崇臣，黄忠臣，王鹏. 北京四环公路两侧植物铅、镉污染现状调查[J]. 环境化学，2009(4)：136－137.

[16]李小霞，解庆林，游少鸿. 人工湿地植物和填料的作用与选择[J]. 工业安全与环保，2008(3)：54－56.

[17]王佳，舒新前. 人工湿地植物的作用和选择[J]. 环境与可持续发展，2007(4)：62－64.

[18]张宝祥. 雨洪管理目标下的既有住区室外空间设计研究[D]. 大连理工大学，2019.

[19]沈秋月，柯智溢. 海绵城市理论及其在街区设计中的应用——以美国 High Point 社区改造

工程为例[J]. 现代园艺，2020，43(16)：87－88.

[20]刘海龙，张丹明，李金晨，颉赫男．景观水文与历史场所的融合——清华大学胜因院景观环境改造设计[J]. 中国园林，2014，30(01)：7－12.

[21]刘海龙．清华校园生态景观的建成后评估——以胜因院为例[J]. 住区，2018(01)：96－101.

[22]石家庄市城市管理委员会．石家庄市海绵城市规划设计导则

[23]侯嘉琳，李俊奇，王文亮，刘超，任艳芝．基于低影响开发的生态停车场优化设计研究[J]. 现代城市研究，2017(01)：75－81.

[24]高艺，杨高升，张金超．基于社会网络分析的公众参与老旧小区海绵化改造机制研究[J]. 中国给水排水，2021，37(24)：17－24.

[25]刘传影．城市园林景观安全设计与原生态环境利用策略——评《海绵城市建设的景观安全格局规划途径》[J]. 中国安全生产科学技术，2021(9)：196－197.

[26]张博海．浅析“海绵城市”理念下老旧城区改造困境及其对策[J]. 地下水，2020(4)：229－230.

[27]谷甜甜．老旧小区海绵化改造的居民参与治理研究－基于长三角试点海绵城市的分析[D]. 南京：东南大学，2019.

[28]武雨晴．海绵城市建设理念在老旧小区改造中的应用[J]. 科技创新与应用，2021(13)：172－174.

[29]弓亚栋．建设海绵城市的研究与实践探索——以西安市某小区为例[D]. 西安：长安大学，2015.

[30]章智勇，司马勤，聂俊英．海绵城市建设中的黑臭水体长效治理案例分析[J]. 净水技术，2021(9)：113－118.

[31]卢兴超，尹文超．以景观水体修复为核心的老旧小区系统化海绵改造方法[J]. 低碳世界，2021(9)：95－97.

[32]https：//mp. weixin. qq. com/s/t4d4aBt1czlxGIu2Rn9w0Q

[33]https：//weibo. com/7371891279/J3GcX9yKW

[34]https：//mooool. com/en/kokkedal－climate－adaptation－by－schonherr. html

[35]宋代风．可持续雨水管理导向下住区设计程序与做法研究[D]. 浙江大学，2012.

[36]王姝．基于海绵城市理念的城镇雨水系统规划方案模拟与评价[D]. 天津大学，2015.

[37]王思思，苏义敬，车伍，等．景观雨水系统修复城市水文循环的技术与案例[J]. 中国园林，2014，30(01)：18. 22.

[38]车伍，刘燕，李俊奇．国内外城市雨水水质及污染控制[J]. 给水排水，2003，(10)：38. 42.

[39]http：llwww. mohurd. gov. cn/xytj/tjzljsxytjgb/tjxxtjgb/201708/t20170818－232983. html.

[40]陈旺，张蕊，胡家僖，等．“海绵小区”景观雨水系统修复水文循环的技术与案例[J]．建设科技，2016(Z1)：126.129.

[41] Prince GeorgeS County，Maryland. Low Impact Development Design Strategies：AnIntegrated Design Approach[M]. Maryland，Department of Environmental Resources，1999：4.

[42]仇保兴．海绵城市(LID)的内涵、途径与展望[J]．建设科技，2015，(1)：11.18.

[43] Nigel Dunnett，Andy Clayden. Rain Gardens - Managing water sustainably in the garden and designed land - scape[M]. Portland，Timber Press，2007：175 - 179.

[44] Echols，S. &E. Pennypacker. Artful Rainwater Design——Creative Ways to Manage Stormwater. Washington：Island Press. 2015：37.

[45] Mitchell V G. Applying integrated urban water management concepts：a review of Australian experience[J]. Environmental Management，2006，37(5)：589 - 605.

[46] Fletcher T D，Shuster W，Hunt W F，etal. SUDS，LID，BMPs，WSUD and more - The evolution and application of terminology surrounding urban drainage[J]. Urban Water Journal，2014，12(7)：525 - 542.

[47]许露，王思思，魏晓玉，等．低影响开发雨水系统的艺术化设计途径[J]．建筑与文化，2018(01)：147 - 149.

[48]俞孔坚，许涛，李迪华，等．城市水系统弹性研究进展[J]．城市规划学刊，2015(01)：7583.

[49]杨阳，林广思．海绵城市概念与思想[J]．南方建筑，2015(03)：59.64.

[50]王思思．国外城市雨水利用的进展[J]．城市问题，2009(10)：7984.

[51]张丹明．美国城市雨洪管理的演变及其对我国的启示[J]．国际城市规划，201 0，25(06)：83 - 86.

[52]廖朝轩，高爱国，黄恩浩．国外雨水管理对我国海绵城市建设的启示[J]．水资源保护，2016，32(01)：42 - 45.

[53]车生泉，谢长坤，陈丹，等．海绵城市理论与技术发展沿革及构建途径[J]．中国园林，2015，31(06)：1 - 15.

[54]俞孔坚，李迪华，袁弘，等．“海绵城市”理论与实践[J]．城市规划，2015，39(06)：26.36.

[55]张书函．基于城市雨洪资源综合利用的“海绵城市”建设[J]．建设科技，2015，(01)：26 - 28.

[56]闫攀，车伍，赵杨，等．绿色雨水基础设施构建城市良性水文循环[J]．风景园林．2013，(02)：32.37.

[57]蒋祺，郑伯红．基于雨洪管理理念的旧城区海绵城市规划研究[J]．中外建筑，2017，(08)：89 - 93.

[58]王建廷，魏继红．基于海绵城市理念的既有居住小区绿化改造策略研究[J]．生态经济，2016，32(07)：220－223.
[59]景天奕．海绵城市目标下的居住区低影响开发系统模型设计[D]．南京大学，2016.
[60]罗红梅，车伍，李俊奇，等．雨水花园在雨洪控制与利用中的应用[J]．中国给水排水，2008，(06)：48－52.
[61]向璐璐，李俊奇，邝诺，等．雨水花园设计方法探析[J]．给水排水，2008，(06)：47－51.
[62]苏义敬，王思思，车伍，等．基于“海绵城市”理念的下沉式绿地优化设计阴．南方建筑2014，(03)：39－43.
[63]文竹．绿色街道——西雅图让雨水都慢下来[C]/新常态：传承与变革——2015中国城市规划年会论文集(07城市生态规划)．，2015：514－526.
[64]刘颂，刘蕾．LID在住区规划设计中的应用[J]．住宅科技，2016，36(05)：1－8.
[65]汤清泉．老旧小区改造中的海绵城市设计实践[C]//．面向高质量发展的空间治理——2020中国城市规划年会论文集(03城市工程规划)．，2021：103－117.
[66]张佳丽，刘杨，王凤．老旧小区“＋海绵”改造的理论与实践——以宁波市三和嘉园小区为例[J]．城市发展研究，2021，28(07)：24－29.
[67]王沫，郝培尧，董丽，张涵，王红兵．绿色雨水基础设施的植物选择与设计[J]．景观设计，2019(03)：126－129.
[68]王佳，王思思，车伍．低影响开发与绿色雨水基础设施的植物选择与设计[J]．中国给水排水，2012，28(21)：45－47.

后　记

刚下过一场春雨，空气格外清新，这天气同我此刻的心情一样，因为漫长的写作工作终于接近了尾声。

本书是我2017年承担的河北省社会科学基金项目（项目编号：HB17YS044）成果，历经5年所交出的一份答卷，内心却依然忐忑，能否得到专业人士的认可，能否对正在如火如荼进行的老旧小区改造项目有所帮助，一切都还未知。因为老旧小区的情况非常复杂，想要对其进行全面解剖实在是太难了。虽然这期间我翻阅了很多资料，实地调研了很多案例，也带学生进行了多个小区的设计实践，但心中依然觉得不够踏实，毕竟目前项目还没有落地，研究也还停留在探索阶段。本书针对基于海绵城市的老旧小区景观改造设计中诸多问题所给出的解答，也仅是基于个人和团队思考的可能性答案，囿于专业所限，写作中所存疏漏之处实在难免，还请大家多多指正。不过，还是希望此书能给各位同行以启迪和帮助。目前交出的这份答卷意味着我的研究已暂时告一段落，但关于海绵城市和老旧小区改造的思考和探索，未来还会继续努力进行下去。

陈　珊

2022年4月于石家庄